Uni-Taschenbuch 231

T0222982

UTB

Eine Arbeitsgemeinschaft der Verlage

Birkhäuser Verlag Basel und Stuttgart
Wilhelm Fink Verlag München
Gustav Fischer Verlag Stuttgart
Francke Verlag München
Paul Haupt Verlag Bern und Stuttgart
Dr. Alfred Hüthig Verlag Heidelberg
J. C. B. Mohr (Paul Siebeck) Tübingen
Quelle & Meyer Heidelberg
Ernst Reinhardt Verlag München und Basel
F. K. Schattauer Verlag Stuttgart-New York
Ferdinand Schöningh Verlag Paderborn
Dr. Dietrich Steinkopff Verlag Darmstadt
Eugen Ulmer Verlag Stuttgart
Vandenhoeck & Ruprecht in Göttingen und Zürich
Verlag Dokumentation München-Pullach
Westdeutscher Verlag/Leske Verlag Opladen

Volkmar Hölig
und Gisbert Otterstätter

Chemisches Grundpraktikum

für chemisch-technische Assistenten,
Chemielaborjungwerker,
Chemielaboranten und Chemotechniker

Mit 10 Abbildungen

Springer-Verlag Berlin Heidelberg GmbH

Chemie-Ing. (grad.) VOLKMAR HÖLIG, geboren am 30. Mai 1944 in Aue (Sachsen), absolvierte nach Anlern- und Lehrzeit bei den Farbenfabriken Bayer AG in Leverkusen eine zweijährige Praxis als Chemiejungwerker und Chemielaborant in der Lehrfirma. Anschließend Studium an der Staatlichen Ingenieurschule – Ohm-Polytechnikum (Nürnberg) – mit Zusatzstudium über Radiochemie. Abschluß als Chemie-Ingenieur (grad.). Seit 1969 in dieser Eigenschaft in der Firma M. Woelm, Eschwege, tätig und dort neben naturwissenschaftlicher Lehrtätigkeit an Schulen vorwiegend mit der praktischen und theoretischen Ausbildung von Chemielaboranten-Lehrlingen befaßt.

GISBERT OTTERSTÄTTER, geboren am 3. Februar 1946 in Ludwigshafen, absolvierte nach Anlern- und Lehrzeit in der BASF, Ludwigshafen, eine zweijährige Praxis als Chemielaborant in der Lehrfirma. Anschließend als Funker bei der Bundesluftwaffe tätig. 1969–1971 Tätigkeit in verschiedenen Fachbereichen, darunter in der Laborantenausbildung, bei der Firma M. Woelm, Eschwege. Seit Oktober 1971 Besuch einer Chemiefachschule zwecks Weiterbildung zum Chemotechniker.

ISBN 978-3-7985-0372-4   ISBN 978-3-642-72309-4 (eBook)
DOI 10.1007/978-3-642-72309-4

Einbandgestaltung: Alfred Krugmann, Stuttgart
Satz und Druck: Dr. Alexander Krebs, Hemsbach/Bergstr.
Gebunden bei der Großbuchbinderei Sigloch, Stuttgart

Vorwort

Das duale System in der Berufsausbildung wird sich gegenüber der reinen schulischen Ausbildung nur behaupten können, wenn die Qualität und die Effektivität der Ausbildung verbessert wird.

Im Bereich der Chemieberufe empfiehlt sich, um diese Qualitätsverbesserung zu erreichen, die Einrichtung von Lehrlaboratorien. Diese Ausbildungsstätten sind in der chemischen Großindustrie schon seit Jahrzehnten üblich, allerdings scheuten kleine und mittlere Firmen bisher die Investitionen, die mit der Schaffung eines Lehrlabors verbunden sind. Als Lösungsmöglichkeit bieten sich hier überbetriebliche Ausbildungsstätten an.

Der Zweck dieses Buches soll sein, den Verantwortlichen für die Ausbildung ein Hilfsmittel zu geben, das die Einrichtung eines Lehrlabors und das Aufstellen eines Ausbildungsplanes erleichtern soll.

Dabei ist das Buch für den Auszubildenden und den Ausbilder gedacht. Der Auszubildende kann ihm die Vorschriften und Aufgaben entnehmen, während der Ausbilder alle Fragen, die darüber hinaus gehen, behandelt findet.

Wesentlich erschien uns, daß sich die zu lösenden Aufgaben nicht nur auf Spezialgebiete begrenzen, sondern Vorschriften aus dem gesamten Berufsfeld der Chemieberufe umfassen. Denn es liegt nicht nur im Interesse der Auszubildenden, wenn die rein betriebsspezifisch orientierte Vermittlung von Kenntnissen und Fertigkeiten gegenüber einer universellen Ausbildung zurückgedrängt wird.

Ohne die Mitwirkung der Auszubildenden im Lehrlabor der Firma M. Woelm, Eschwege, wäre das Buch nicht entstanden.

Für Anregungen und Verbesserungen aus dem Leserkreis sind wir dankbar.

Eschwege, Frühjahr 1973

V. Hölig
G. Otterstätter

Inhaltsverzeichnis

1. Unfallverhütung

1.1. Allgemeines

Für exaktes chemisches Arbeiten sind Ordnung und Sauberkeit am Arbeitsplatz unbedingte Voraussetzung. Alle Chemikalienflaschen sind lesbar und dauerhaft zu beschriften. Es empfiehlt sich, die Etiketten mit Klarsichtfolie zu überkleben.

Vor jedem Versuch muß man sich überlegen, welche Reaktionen eintreten werden, und die notwendigen Schutzmaßnahmen treffen.

Bei allen Arbeiten mit ätzenden Flüssigkeiten, im Vakuum, unter Druck und bei Brandgefahr ist eine Schutzbrille zu tragen.

Ätzende Flüssigkeiten pipettiert man unter Zuhilfenahme eines Saugballes. Konzentrierte Säuren und Laugen verdünnt man durch Eingießen in Wasser, evtl. auch in Eis, unter starkem Rühren, nicht umgekehrt.

Reaktionen, bei denen giftige Gase entstehen oder übelriechende Substanzen verwendet werden, führt man unter dem Abzug aus (s. a. 1.2.). Solche Substanzen werden auch unter dem Abzug aufbewahrt.

Durch unsachgemäßen Umgang mit Glasgeräten und nicht ordnungsgemäß aufgebauten Apparaturen entstehen oft Verletzungen.

Merke: Eine sichere Apparatur ist auch eine schöne Apparatur.

Schiebt man Gummi auf Glas, muß die Hand mit einem Lederhandschuh oder einem Tuch geschützt werden. Am besten befeuchtet man das Glas vorher mit Glycerin oder Siliconöl, dadurch wird die Reibung vermindert. Beschädigte Glasgeräte müssen vernichtet oder vor der Weiterverwendung repariert werden.

Glasabfälle gehören nicht in den Papierkorb, sondern in eine eigene Abfalltonne.

Exsikkatoren umwickelt man mit Klebefolie oder evakuiert sie hinter einer Schutzscheibe oder unter einem Schutzkorb.

Vakuumdestillationen führt man hinter einer Schutzscheibe aus.

Zerbricht ein Thermometer, so muß das Quecksilber aufgenommen oder durch Zink- oder Zinnpulver amalgamiert werden.

Das Rauchen im Labor ist verboten!

Brennbare Flüssigkeiten sind nur im Abzug und auf explosionsgeschützten Heizplatten oder Wasserbädern zu erwärmen (Siedesteine zufügen!).

Die Einnahme von Speisen und Getränken im Labor sollte unterlassen werden, auf jeden Fall ist sie aus Laborgeräten verboten.

1.2. Übersicht über die Giftigkeit wichtiger, in diesem Buch aufgeführter Chemikalien (unter MAK-Wert versteht man die maximale Arbeitsplatzkonzentration, die bei täglich achtstündiger Arbeitszeit auch über Jahre hinaus den menschlichen Organismus nicht schädigt).

Substanz	MAK-Wert mg/m^3	Wirkung/Gefahren	Schutzmittel
Aluminiumchlorid		Verätzt die Haut, reagiert mit Wasser explosionsartig	Brille, Gummihandschuhe, Abzug
Äthanol	1000	Explosionsgrenze Luft-Äthanol: 2,6–18,9 Vol.% Äthanol	Abzug
Ammoniak	50	Explosionsgrenze Luft-NH_3: 15,5–27 Vol.% NH_3	Brille, Abzug evtl. Gasmaske
Anilin	10	Nervenschädigung	Abzug, Gummihandschuhe, Brille
Benzol	50	Explosionsgrenze Luft-Benzol: 0,8–8,6 Vol.% Benzol Starkes Blutgift, kann auch durch die Haut aufgenommen werden. Schädigung der Leber und des Nervensystems	Brille, Abzug evtl. Maske, Gummihandschuhe
Brom		Starkes Ätz- und Atemgift	Brille, Abzug, Gummihandschuhe
Bromwasserstoff, Chlorwasserstoff	10	Schädigt Lungen und Schleimhäute 0,05 Vol.% in Luft tödlich	Brille, Abzug evtl. Maske, Gummihandschuhe
Chloroform		Bei Berührung mit Natrium Explosion	
Äther		Peroxidbildung! Explosionsgrenze Luft-Äther: 1,2–51 Vol.% Äther	Abzug, da beide Narkosemittel

Fortsetzung Tabelle

Substanz	MAK-Wert mg/m³	Wirkung/Gefahren	Schutzmittel
Essigsäure	25	Explosionsgrenze: ab 4% HAc. Ätzt die Haut	Brille, Gummihandschuhe, Abzug
Kaliumcyanid	5 (HCN)	Tödliche Dosis 50 mg HCN. Tod innerhalb weniger Sekunden, kann auch durch die Haut aufgenommen werden	Abzug
Methanol	50	Explosionsgrenze: 5,5 – 36,5 Vol.-% Methanol in Luft. Schwindelanfälle, Herzkrämpfe, Nervenschädigung, Erblindung	Abzug
Methylenchlorid		Schädigt das Nervensystem Explosion mit Natrium	Abzug
Nitrose Gase		In kleinen Mengen stark gesundheitsschädigend: Lungenödem. Akute Lebensgefahr	Abzug
Nitrobenzol	5	Nervenschädigung. Wird auch durch die Haut aufgenommen	Gummihandschuhe
Pyridin	10	Explosionsgrenze: 1,8 – 12,5 Vol.-% Pyridin in Luft. Hautekzeme, Magenkrämpfe, Nervenschädigung	Abzug
Schwefelwasserstoff	25	Explosionsgrenze: 4 – 46 Vol.-% H_2S in Luft Schwindel, Übelkeit, Kopfschmerzen, Bewußtlosigkeit, Tod	Abzug

1.3. Bezugsquellen für Schutzmittel

Jedes Lehrlabor sollte in ausreichendem Maße mit Schutzbrillen, Gummihandschuhen, Gasmasken, Staubmasken, Feuerlöschern und Feuerlöschdecken ausgerüstet sein.

Auch die Anschaffung eines Gasspürgerätes empfiehlt sich.

Folgende Firmen liefern diese für den Schutz der Auszubildenden unerläßlichen Dinge:

Firma Auergesellschaft GmbH, 1000 Berlin 65, Friedrich-Krause-Ufer 24

Firma Drägerwerk, 2400 Lübeck, Moislinger Allee 53

2. Qualitative Analyse

2.1. Anorganische Analysen

2.1.1. Vorproben

2.1.1.1. Erhitzen im Glühröhrchen

Wenig Substanz wird im Glühröhrchen erhitzt. Dabei kann eine Gasentwicklung oder Sublimatbildung eintreten.

Beim Auftreten des Kakodyloxidgeruches $\begin{array}{c}CH_3\\ \diagdown\\ CH_3 \diagup\end{array} As-O-As \begin{array}{c} \diagup CH_3\\ \\ \diagdown CH_3\end{array}$ ist

Acetat und As_2O_3 vorhanden. Acetat oder As-Verbindungen können durch Beimischen der anderen Komponente gefunden werden. Die Vorproben mit Glühröhrchen sind im Abzug auszuführen.

2.1.1.1.1. Gasentwicklung

Art des Gases	Ursache	Farbe	Geruch
Cl_2	Chloride + oxid. Substanzen	hellgrün	erstickend
Br_2	Bromide + oxid. Substanzen	braun	erstickend
J_2	Jodide + oxid. Substanzen	violett	erstickend
Stickoxide	Nitrate, Nitrite	braun	erstickend
Kakodyloxid	As-Verbindungen + Acetat	farblos	äußerst unangenehm

Zur Prüfung auf die Halogene ist es zweckmäßig, die Ursubstanz mit einigen Tropfen konz. H_2SO_4 vermischt im Glühröhrchen zu erhitzen.

2.1.1.1.2. Sublimatbildung

weißes Sublimat: NH_4^+-Salze, Hg-Halogenide, As_2O_3
graues Sublimat: Hg

2.1.1.2. Borax- oder Phosphatperle

Für diese Vorprobe verwendet man Natriumammoniumhydrogenphosphat ($NaNH_4HPO_4 \cdot 4H_2O$) oder Borax ($Na_2B_4O_7 \cdot 10H_2O$).

In der nichtleuchtenden Flamme des Brenners wird ein Magnesiastäbchen ausgeglüht. Das noch glühende Stäbchen tupft man auf das Phosphat oder Borax, das auf einem Uhrglas bereitliegt. Durch die Hitze kommt ein

Teil des Salzes zum Schmelzen und bleibt an dem Stäbchen haften. Man führt das Stäbchen erneut in die heiße Flamme und erhitzt das Salz, bis es unter starkem Aufblähen zu einer farblosen Perle zusammengeschmolzen ist. Man bringt nun an die noch heiße Perle durch kurzes Auftupfen die zu prüfende Substanz, erhitzt von neuem und glüht so lange, bis eine gleichmäßig durchglühte Perle entstanden ist. Die Farbe der Perle läßt nach dem Abkühlen Schlüsse auf das Vorhandensein von bestimmten Metallen zu.

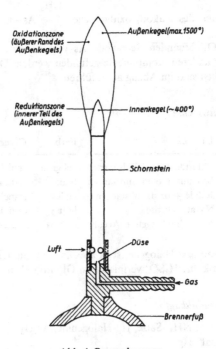

Oxidationszone (äußerer Rand des Außenkegels) — Außenkegel(max.1500°)

Reduktionszone (innerer Teil des Außenkegels) — Innenkegel (~400°)

— Schornstein

Luft → — Düse

← Gas

— Brennerfuß

Abb. 1. Bunsenbrenner

$$Na_2B_4O_7 \xrightarrow{Q} 2\,NaBO_2 + B_2O_3$$

$$NaNH_4HPO_4 \xrightarrow{Q} NaPO_3 + NH_3 + H_2O$$

m-Natriumborat und m-Natriumphosphat lösen in der Hitze Schwermetalloxide, bzw. reagieren mit ihnen.

Beispiele:

$$3\,NaPO_3 + 3\,CoSO_4 \longrightarrow Na_3PO_4 + Co_3(PO_4)_2 + 3\,SO_3$$

$$NaPO_3 + CoSO_4 \longrightarrow NaCoPO_4 + SO_3$$

$$Na_2B_4O_7 + CoSO_4 \longrightarrow 2\,NaBO_2 + Co(BO_2)_2 + SO_3$$

Farbe der Perle	Metall
blau	Co
rot	Sn + Cu (zusammen)
rotbraun	Fe
grün	Cr
violett	Mn (Oxidationsflamme)

2.1.1.3. Oxidationsschmelze

Die Oxidationsschmelze ist eine Vorprobe auf Mangan und Chrom.

Auf einer Magnesiarinne werden eine Pastille Ätzkali und eine Spatelspitze KNO_3 geschmolzen, bis die Gasentwicklung aufhört.

Die Schmelze wird mit wenig Ursubstanz versetzt und erneut geschmolzen.

Mn^{++}: dunkelgrüne Färbung der Magnesiarinne durch das Manganation

$$Mn^{++} + 2\,NO_3^- + 4\,OH^- \longrightarrow \underset{\text{grün}}{MnO_4^{--}} + 2\,NO_2^- + 2\,H_2O$$

Cr^{3+}: gelbe Färbung der Magnesiarinne durch das Chromation.

$$2\,Cr^{3+} + 3\,NO_3^- + 10\,OH^- \longrightarrow \underset{\text{gelb}}{2\,CrO_4^{--}} + 3\,NO_2^- + 5\,H_2O$$

Bei Anwesenheit von Mn und Cr in der Ursubstanz wird die Magnesiarinne in Wasser ausgekocht. Diese Lösung wird mit verd. Essigsäure angesäuert, bei Farbumschlag nach orange ist Cr vorhanden.

$$2\,CrO_4^{--} + 2\,H^+ \leftrightarrows \underset{\text{orange}}{Cr_2O_7^{--}} + H_2O$$

Ist die alkalische Lösung grün, so tritt beim Ansäuern mit Essigsäure eine rote bis violette Farbe auf.

$$3\,MnO_4^{--} + 4\,H^+ \longrightarrow \underset{\text{violett}}{2\,MnO_4^-} + \underset{\text{braun}}{MnO_2} + 2\,H_2O$$

2.1.1.4. Flammenfärbung

Eine kleine Probe der Ursubstanz wird auf einem Uhrglas mit 1—2 Tropfen konz. HCl befeuchtet. Dann glüht man ein Magnesiastäbchen so lange aus, bis die Flamme nicht mehr gefärbt wird. An das erkaltete Magnesiastäbchen bringt man durch Betupfen eine Probe der salzsäurefeuchten Substanz. Nun hält man die Substanz in die nichtleuchtende Flamme des Brenners.

Beobachtung der Flamme:

2.1.1.4.1. Ohne Spektroskop

Na: Lang anhaltende orangegelbe Färbung

K: Kurz anhaltende violette Färbung. Beobachtung durch das Kobaltglas. Wird durch Calcium gestört.

Ba: Nach längerem Erhitzen eine blasse gelbgrüne Flamme.

Sr: Karminrote Flammenfärbung

Ca: Ziegelrote Flammenfärbung

Liegen Alkali- oder Erdalkalisulfate, -phosphate vor, so versagt die Flammenfärbung. Die Probe muß dann erst im inneren Kegel der Flamme reduziert werden, bevor sie mit konz. HCl befeuchtet wird.

2.1.1.4.2. Mit Spektroskop

Element	Farbe der Flamme	Wellenlänge in [nm] der charakt. Linien	Bemerkungen
Na	gelb	589	sehr intensiv
K	hellviolett	768, 404	Linie bei 404 nm meist nicht sichtbar
Ca	ziegelrot	632, 553	
Sr	karminrot	606, 663, 675	
Ba	fahlgrün	524, 514	Auftreten von grünen Banden

2.1.1.5. Zinn-Leuchtprobe

Zu der auf Zinn zu prüfenden festen Substanz gebe man in einer Porzellanschale einige Körnchen Zn und ca. 5 ml Salzsäure (1:1). In die Lösung taucht man ein mit kaltem Wasser halbgefülltes Reagenzglas und hält es anschließend in die Flamme des Brenners. An der benetzten Stelle des Glases entsteht bei Anwesenheit von Zinn eine blaue Fluorescenz.

2.1.2. Nachweise aus der Ursubstanz

NH_4^+, CH_3COO^-, CO_3^{--}, BO_3^{---} werden aus der Ursubstanz nachgewiesen.

NH_4^+:
Wenig Ursubstanz wird auf ein Uhrglas gebracht und mit einigen Tropfen verd. NaOH versetzt. In die Wölbung eines zweiten Uhrglases wird ein feuchtes pH-Papier gelegt. Dieses Uhrglas wird über das erste gestülpt. Bei einer Blaufärbung des pH-Papieres ist NH_4^+ vorhanden.

$$NaOH + NH_4Cl \longrightarrow NaCl + NH_3 + H_2O$$

$$NH_3 + H_2O \longrightarrow NH_4OH$$

CH_3COO^-:
Etwas Ursubstanz wird in einer Reibschale mit $KHSO_4$ im Verhältnis 1:2 verrieben. Danach tritt bei Gegenwart von Acetaten Geruch nach Essigsäure auf. Dieser Nachweis versagt jedoch bei Gegenwart von Nitrit.

$$CH_3COO^- + HSO_4^- \longrightarrow CH_3COOH + SO_4^{--}$$

CO_3^{--}:
In ein kleines Reagenzglas werden ca. 2 ml kalt gesättigte klare $Ba(OH)_2$-Lösung gegeben. In ein zweites Reagenzglas wird eine Spatelspitze Ursubstanz gegeben und mit wenig 5 N HCl versetzt. Die Carbonate werden durch die Salzsäure zersetzt und das freiwerdende CO_2 wird mittels eines Einleitröhrchens auf die $Ba(OH)_2$-Lösung geleitet. Es fällt ein weißer, flockiger Niederschlag von $BaCO_3$.

Zu beachten ist hierbei, daß Carbonate oft langsam durch Mineralsäuren zersetzt werden. Um die Freisetzung des CO_2 zu beschleunigen, wird erwärmt.

$$CO_2 + Ba(OH)_2 \longrightarrow BaCO_3\downarrow + H_2O$$
$$\text{weiß}$$

BO_3^{---}:
Wenig Ursubstanz und ca. 0,5 ml konz. H_2SO_4 werden in einem Reagenzglas mit Methanol versetzt und gekocht. Es entsteht Borsäuremethylester, der nach dem Entzünden mit grüner Flamme an der Reagenzglasöffnung verbrennt.

$$H_3BO_3 + 3 CH_3OH \longrightarrow B(OCH_3)_3 + 3 H_2O$$

2.1.3. Anionennachweise:

2.1.3.1. Sodaauszug (SA)

Die meisten Anionen werden aus dem Sodaauszug nachgewiesen. Um den SA herzustellen, wird ca. 1 g Ursubstanz zusammen mit mehreren Spatelspitzen wasserfreier Soda in etwa 50 ml dest. Wasser aufgeschlämmt und 5 min gekocht.

Dabei finden doppelte Umsetzungen statt:

$$BaCl_2 + Na_2CO_3 \longrightarrow BaCO_3\downarrow + 2NaCl$$

$$Sr(NO_3)_2 + Na_2CO_3 \longrightarrow SrCO_3\downarrow + 2NaNO_3$$

Man filtriert, und auf dem Filter verbleiben die Karbonate der störenden Kationen, während im Filtrat Cl^-, NO_3^- u. a. Anionen vorliegen.

Anmerkung: Bei Gegenwart von Bi^{3+} kann NO_3^- im SA nicht gefunden werden.

Auf folgende Anionen wird der Sodaauszug geprüft:

$$Cl^-, Br^-, J^-, SO_4^{--}, NO_3^-, NO_2^-$$

2.1.3.1.1. Cl^- oder Br^- oder J^-:

$$SA + verd. HNO_3 + AgNO_3\text{-Lsg.} \longrightarrow AgHal\downarrow$$

Etwa 1 ml SA wird mit 5 N HNO_3 angesäuert (prüfen) und tropfenweise mit 10%iger $AgNO_3$-Lsg. versetzt. Es fällt:

a) ein weißer käsiger Niederschlag von AgCl.
Der Niederschlag ist unlöslich in verd. und konz. HNO_3, leicht löslich ist AgCl in konz. NH_4OH oder $(NH_4)_2CO_3$-Lsg. unter Bildung einer komplexen Silberverbindung.

$$AgCl + 2NH_3 \longrightarrow [Ag(NH_3)_2]Cl$$
$$\text{Silberdiamminchlorid}$$

b) ein gelblicher käsiger Niederschlag von AgBr. AgBr ist ebenfalls in konz. NH_4OH löslich, aber im Unterschied zu AgCl nicht in $(NH_4)_2CO_3$-Lösung.

c) ein gelber käsiger Niederschlag von AgJ, der sich in konz. NH_4OH nicht löst.

2.1.3.1.2. Cl⁻ und Br⁻ und J⁻

Lassen die Vorproben das Vorhandensein von Br^- und J^- vermuten, so werden ca. 2 ml des salpetersauren SA so lange mit 10%iger $AgNO_3$-Lösung versetzt, bis kein Halogenid mehr ausfällt. AgCl fällt zum Schluß! Der Niederschlag I (bestehend aus AgCl, AgBr und AgJ) wird abfiltriert gewaschen und anschließend mit kalt gesättigter $(NH_4)_2CO_3$-Lösung digeriert. Falls AgCl vorhanden ist, wird dieses komplex gelöst. Ein Teil des Filtrates wird mit 5 N HNO_3 angesäuert. Eine Trübung oder ein Niederschlag von AgCl zeigt Cl^- an.

Zum Nachweis von J^- und Br^- versetzt man ca. 2 ml H_2SO_4-saurer Lösung des SA mit 0,5 ml Chloroform und tropfenweise mit Chloramin T-Lösung (Chlorwasser) und schüttelt um. Violettfärbung zeigt J^-, Braunfärbung Br^- an.

$$Cl_2 + 2Br^- \longrightarrow 2Cl^- + Br_2$$

$$Cl_2 + 2J^- \longrightarrow 2Cl^- + J_2$$

Bei gemeinsamer Anwesenheit von Br^- und J^- tritt zuerst die violette Farbe des J_2 und dann die braune des Br_2 auf, nachdem das J_2 weiter oxidiert worden ist:

$$J_2 + 5Cl_2 + 6H_2O \longrightarrow 10HCl + 2HJO_3$$

Falls vermutet wird, daß Br^- und J^- nebeneinander vorliegen, wird der Niederschlag I mit konz. NH_4OH-Lösung behandelt. Dabei gehen AgCl und AgBr in Lösung, AgJ dagegen nicht. Ein gelber Rückstand im Filtrat kann dann nur AgJ sein.

Theoretische Erläuterungen

Die Löslichkeit der Silberhalogenide nimmt mit steigender Ordnungszahl des Halogens ab. Gleichzeitig tritt eine Farbvertiefung ein.

AgCl: weiß $\quad K_L = 1,6 \cdot 10^{-10} \, mol^2/l^2$

AgBr: schwach gelb $\quad K_L = 5,0 \cdot 10^{-13} \, mol^2/l^2$

AgJ: gelb $\quad K_L = 1,0 \cdot 10^{-16} \, mol^2/l^2$

Mit Verringerung des Löslichkeitsproduktes der Silberhalogenide vom AgCl zum AgJ verringert sich auch deren Neigung, mit Komplexbildnern in Lösung zu gehen.

Die Konzentration an NH_3 ist nach dem Gleichgewicht

$$NH_4^+ \rightleftharpoons NH_3 + H^+ \text{ in konz. } NH_4OH$$

weit größer als in gesättigter $(NH_4)_2CO_3$-Lösung. Folglich ist die Ag^+-Konzentration, die sich auf Grund der Gleichgewichtsreaktion

$$Ag^+ + 2NH_3 \rightleftharpoons [Ag(NH_3)_2]^+$$

einstellt, von der NH_3-Konzentration abhängig.

In der $(NH_4)_2CO_3$-Lösung erreicht die Ag^+-Ionenkonzentration einen bestimmten Wert, der so klein ist, daß das Löslichkeitsprodukt von AgBr noch überschritten wird, dagegen dasjenige des AgCl nicht mehr.

Deshalb löst sich AgBr in $(NH_4)_2CO_3$-Lösung im Gegensatz zu AgCl nicht auf.

2.1.3.1.3. SO_4^{--}

Ungefähr 1 ml Sodaauszug wird mit 5 N HCl angesäuert und tropfenweise mit 0,5 M $BaCl_2$-Lösung versetzt. Es fällt $BaSO_4$ als weißer feinkristalliner Niederschlag aus, der sich sehr langsam absetzt. Bei Anwesenheit von NO_2^- färbt sich der Sodaauszug beim Ansäuern gelb, und bei der Zugabe von $BaCl_2$ ist zwar eine Trübung, aber kein weißer Niederschlag zu erkennen. Im Zweifelsfall ist der Reagenzglasinhalt zu zentrifugieren. $BaSO_4$ setzt sich weiß ab.

$$Ba^{++} + SO_4^{--} \longrightarrow BaSO_4\downarrow$$

2.1.3.1.4. NO_3^-

Ungefähr 1 ml des Sodaauszuges wird mit 5 N H_2SO_4 angesäuert, die schwefelsaure Lösung wird dann mit einer Spatelspitze von festem $FeSO_4 \cdot 7H_2O$ versetzt. Nachdem sich das $FeSO_4$ restlos gelöst hat, wird die Lösung unter fließendem Wasser abgekühlt. Unter Schräghalten des Reagenzglases unterschichtet man die kalte Lösung vorsichtig mit konzentrierter Schwefelsäure. Wenn an der Phasengrenze mit konz. Schwefelsäure ein brauner Ring entsteht, ist der Nachweis von NO_3^- erbracht.

$$3Fe^{2+} + NO_3^- + 4H^+ \longrightarrow 3Fe^{3+} + 2H_2O + NO$$

$$FeSO_4 + NO \longrightarrow Fe(NO)SO_4$$
$$\text{Nitrosoeisen-(II)-sulfat}$$

Bei der Gegenwart von Hg oder Bi bilden sich bei der Herstellung des Sodaauszuges schwerlösliche basische Nitrate, die im Rückstand verbleiben. In diesen Fällen wird entweder der Rückstand des SA oder — bei Abwesenheit von NO_2^- — die Ursubstanz direkt noch einmal auf NO_3^- geprüft.

2.1.3.1.5. NO$_2^-$

2.1.3.1.5.1.

Eine Spatelspitze β-Naphthol wird in ca. 3 ml 5 N NaOH unter Erwärmen gelöst. In einem zweiten Reagenzglas wird etwa 1 ml SA abgekühlt, mit einer Spatelspitze Sulfanilsäure versetzt und mit 5 N Salzsäure angesäuert. Die nun entstandene Diazolösung wird in die alkalische β-Naphthol-Lösung eingegossen.
Es entsteht eine tiefrote Farbstofflösung bei Gegenwart von NO$_2^-$.

2.1.3.1.5.2.

Etwa 1 ml SA wird mit 5 N H$_2$SO$_4$ angesäuert und mit einer Spatelspitze krist. FeSO$_4$ versetzt. Bei Anwesenheit von NO$_2^-$ färbt sich die schwefelsaure Lösung schmutzig braun. Br$^-$ und J$^-$ stören diesen Nachweis.

2.1.3.1.6. NO$_3^-$ und NO$_2^-$

Der Nachweis von NO$_3^-$ nach 2.1.3.1.4. wird durch NO$_2^-$, Br$^-$ und J$^-$ gestört. Entfernung von Br$^-$ und J$^-$: Mehrere ml des SA werden schwefelsauer gestellt und so lange mit gesättigter Ag$_2$SO$_4$-Lösung behandelt, bis das gesamte Br$^-$ und J$^-$ ausfällt.

$$(L_{Ag_2SO_4} = 0,74 \text{ g}/100 \text{ g H}_2\text{O})$$

Das ausgefallene AgBr und AgJ wird abfiltriert und das Filtrat nach 2.1.3.1.5.2. auf NO$_2^-$ geprüft. Fällt dieser Nachweis negativ aus, kann sofort nach 2.1.3.1.4. auf NO$_3^-$ geprüft werden.

Fällt dieser Nachweis positiv aus, muß das Nitrit verkocht werden. Es wird so lange gekocht, bis die Farbe von braun nach hellgelb oder farblos umschlägt. Danach wird abgekühlt und auf NO_3^- nach 2.1.3.1.4. geprüft.

2.1.4. Kationentrennungsgang

Die Ursubstanz wird gelöst, mit verschiedenen Reagenzien behandelt, die bestimmte Gruppen von Kationen ausfällen. Nach diesen Fällungsreagenzien ist der Trennungsgang unterteilt.

L: Lösung
R: Rückstand
F: Filtrat

2.1.4.1. Salzsäuregruppe (Gruppe I)

Ca. 1 g Ursubstanz wird in einem Reagenzglas langsam mit höchstens 10 ml 5 N HCl versetzt und zum Sieden erhitzt. Man kühlt ab, und die I. Gruppe (HCl-Gruppe) fällt aus. Wenn eine klare Lösung bleibt, sind keine Elemente (Ag^{++}, Hg_2^{++} und Pb^{++}) der I. Gruppe enthalten. Der Niederschlag wird abfiltriert und aufgearbeitet.

Aufarbeitung:

Der Rückstand (R_1) wird mit heißem Wasser auf dem Filter digeriert. Hg_2Cl_2 und AgCl bleiben als Rückstand R_2 auf dem Filter und $PbCl_2$ geht in Lösung (L_1).

Pb^{++}:

Die Lösung (L_1) wird mit 30%iger HAc angesäuert, mit etwas NaAc gepuffert und mit wenig 10%iger $K_2Cr_2O_7$-Lösung versetzt.

Sind Pb^{++}-Ionen vorhanden, fällt ein gelber feinkristalliner Niederschlag von $PbCrO_4$.

$$Pb^{++} + CrO_4^{--} \longrightarrow PbCrO_4\downarrow$$
$$\text{gelb}$$

Hg_2^{++}:

Der Rückstand (R_2) wird mit 5 N NH_3 übergossen. Hg_2Cl_2 disproportioniert in $Hg(NH_2)Cl$ weiß und Hg, welches tiefschwarz auf dem Filter bleibt.

$$Hg_2Cl_2 + 2NH_3 \longrightarrow Hg(NH_2)Cl + NH_4Cl + Hg^{\pm0}$$
$$\text{schwarz}$$

Ag⁺:

Das AgCl geht beim Übergießen des Rückstandes (R_2) in Lösung (L_2).
Enthält die Analyse Ag^+-Ionen, so fällt beim Ansäuern mit 5 N HNO_3
AgCl als weißer, voluminöser, sich schnell am Reagenzglasboden absetzender Niederschlag aus, der sich beim Zusetzen von 5 N NH_3 wieder löst.

$$AgCl + 2\,NH_3 \;\rightleftharpoons\; [Ag(NH_3)_2]Cl$$

$$[Ag(NH_3)_2]Cl + 2\,HNO_3 \;\longrightarrow\; \underset{\text{weiß}}{AgCl\downarrow} + 2\,NH_4NO_3$$

Störungen in der HCl-Gruppe

Hg_2^{++}:

Sollte der Rückstand (R_2) grau oder schwarz gefärbt sein und beim
Übergießen mit 5 N NH_3 kein Umschlag nach tiefschwarz zu erkennen
sein, wird die Amalgamprobe als Identifizierungsreaktion durchgeführt.

Der Rückstand (R_3) wird in eine Kasserolle abgeklatscht, mit 1–2 ml
konz. HCl und 0,5 ml HNO_3 (1:1) versetzt und abgeraucht. Anschließend
wird mit H_2O aufgenommen. Ein blanker Pfennig oder ein Cu-Blech wird
in die Lösung gegeben, Quecksilber scheidet sich auf dem Kupfer als silberner Überzug ab, der beim Erhitzen verdampft.

Ag⁺:

Sollte die Lösung (L_2) trüb sein, so ist diese nochmals zu filtrieren und
dann erst mit 5 N HNO_3 anzusäuern.

2.1.4.2. *Schwefelwasserstoffgruppe* (Gruppe II)

Das Filtrat (F_1) aus der HCl-Gruppe wird mit H_2O auf das doppelte
Volumen verdünnt und mit festem NH_4Ac gepuffert. Ca. 1 g NH_4Ac auf
10 ml Lösung.

Danach wird in die heiße Lösung langsam H_2S eingeleitet und abfiltriert.

In der Reihenfolge ihrer Fällung bilden sich folgende Sulfide:

As_2S_3 (5)	gelb
SnS_2	hellgelb
Sb_2S_3 (5)	orange
HgS	schwarz
PbS	schwarz
CuS	schwarz

SnS   braun

Bi_2S_3 braun

CdS   gelb (häufig erst nach dem Verdünnen)

2 ml des Filtrates werden auf 20 ml verdünnt und nochmals H_2S eingeleitet.

Entsteht erneut ein Niederschlag, so wird das Gesamtfiltrat auf das Zehnfache verdünnt und mindestens 5 min H_2S eingeleitet. Probenahme und erneutes Verdünnen müssen so lange wiederholt werden, bis beim Einleiten von H_2S kein Niederschlag mehr entsteht. Alle Niederschläge werden durch dasselbe Filter filtriert (R_1) und zum Schluß mindestens zweimal mit heißem Wasser gewaschen. Das Waschwasser wird verworfen.

Der Rückstand (R_1) enthält die Sulfide der Schwefelwasserstoffgruppe und das Filtrat (F_2) die Ionen der folgenden Gruppen.

Theoretische Erläuterungen:

Zusammenhang zwischen pH-Wert und S^{--}-Ionen-Konzentration

Aus zwei Gründen eignet sich die Sulfidfällung besonders gut zur Trennung von Kationen:

Die Löslichkeitsprodukte der Sulfide überstreichen einen sehr weiten Bereich.

Beispiele:

$$HgS \quad K_L = 10^{-54} \ mol^2/l^2$$

$$MnS \quad K_L = 10^{-16} \ mol^2/l^2$$

Außerdem läßt sich die Konzentration der S^{--}-Ionen innerhalb sehr weiter Grenzen durch Änderung des pH-Wertes verändern.

Die Dissoziationskonstanten für H_2S sind:

$$K_1 = \frac{[H^+] \cdot [HS^-]}{[H_2S]} = 1,1 \cdot 10^{-7} \ mol/l$$

$$K_2 = \frac{[H^+] \cdot [S^{--}]}{[HS^-]} = 1,0 \cdot 10^{-14} \ mol/l$$

$$K_1 \cdot K_2 = \frac{[H^+]^2 \cdot [S^{--}]}{[H_2S]} = 1,1 \cdot 10^{-21} \ mol^2/l^2$$

oder

$$[S^{--}] = \frac{1,1 \cdot 10^{-21} \ mol^2/l^2 \cdot [H_2S]}{[H^+]^2}$$

Eine wäßrige mit H_2S gesättigte Lösung hat eine H_2S-Konzentration von 0,1 mol/l. Dies eingesetzt, erhält man:

$$[S^{--}] = \frac{1{,}1 \cdot 10^{-22} \text{ mol}^3/\text{l}^3}{[H^+]^2}$$

Durch Änderung des pH-Wertes von 0 ($[H^+] = 1$ mol/l) bis 11 ($[H^+] = 10^{-11}$ mol/l) läßt sich die S^{--}-Ionenkonzentration von 10^{-22} mol/l bis 1 mol/l verändern.

Das heißt, in sauren Lösungen liegt eine geringere S^{--}-Ionenkonzentration vor, es fallen die Sulfide mit kleinem Löslichkeitsprodukt. In alkalischer Lösung liegt eine höhere S^{--}-Ionenkonzentration vor, es fallen dann die Sulfide mit größerem Löslichkeitsprodukt.

Der Rückstand (R_1) wird in eine Kasserolle abgeklatscht, mit etwa 10 ml 2 N KOH versetzt und erwärmt.

HgS, PbS, Bi_2S_3, CuS, CdS bleiben als Rückstand (R_2), und As^{+++}, Sb^{+++} und Sn^{++} gehen in Lösung (L_1) (Trennung der Arsengruppe siehe 2.1.4.2.2.).

$As_2S_{3(5)}$, $Sb_2S_{3(5)}$ und SnS bilden beim Behandeln mit Alkalien lösliche Oxo-, Thio- und Thiooxosäuren.

Beispiel:

$$As_2S_3 + 6OH^- \longrightarrow AsO_2S^{3-} + AsOS_2^{3-} + 3H_2O$$

2.1.4.2.1. Trennung der Kupfergruppe

Hg^{++}:

Der Rückstand (R_2) wird mit ca. 5–10 ml 5 N HNO_3 versetzt und kurz aufgekocht. Pb^{++}, Bi^{+++}, Cu^{++} und Cd^{++} gehen in Lösung (L_2). Das ungelöste schwarze HgS (meist mit Schwefel vermischt) wird filtriert und mit heißem Wasser gewaschen (R_3). Das HgS wird in einem Porzellanschälchen mit konz. HCl und einigen Tropfen 30%igem Wasserstoffperoxid erwärmt, bis kein Cl_2 mehr freigesetzt wird. Dabei geht das HgS – oft unter Abscheidung von Schwefel – in Lösung.

Nicht bis zur Trockene eindampfen!

Anschließend wird die Amalgamprobe ausgeführt (s. 2.1.4.1.):

$$Hg^{++} + Cu \longrightarrow Cu^{++} + Hg$$

Pb^{++}:

Die Lösung (L_2) wird in einem Porzellanschälchen mit 2–3 ml konz. H_2SO_4 versetzt (Vorsicht!) und unter dem Abzug abgeraucht, bis dicke weiße Nebel entweichen.

Nach dem Erkalten wird auf das doppelte Volumen mit Wasser verdünnt. Das gebildete $PbSO_4$ wird abfiltriert (R_4, L_3), mit kaltem Wasser gewaschen und das Pb wie folgt identifiziert: Dem Rückstand (R_4) wird eine Probe entnommen und in konz. NaAc-Lsg. gelöst (Lösung unter Komplexsalzbildung), bei Versetzen dieser Lösung mit 10%iger K_2CrO_4-Lösung entsteht ein gelber voluminöser Niederschlag von $PbCrO_4$.

$$Pb^{++} + CrO_4^{--} \longrightarrow PbCrO_4\downarrow$$
$$\text{gelb}$$

Bi^{3+}:

Die Lösung (L_3) wird mit konz. NH_3 alkalisch gestellt, dabei fällt nur Wismut als basisches Salz $Bi(OH)SO_4$ oder als $Bi(OH)_3$ als weißer Niederschlag aus.

Die anfänglich ebenfalls gebildeten Niederschläge von $Cu(OH)_2$ und $Cd(OH)_2$ sind im Überschuß von NH_3 als Amminkomplexe löslich und befinden sich nach dem Abfiltrieren des Bi-Niederschlages (R_5) in der Lösung (L_4).

Der Rückstand (R_5) wird mit einer klaren alkalischen Stannat-II-Lösung übergossen; falls Bi^{+++} vorhanden ist, wird der Niederschlag durch reduziertes Bi tiefschwarz gefärbt.

$$3\,K[Sn(OH)_3] + 2\,Bi(OH)_3 + 3\,KOH \longrightarrow 3\,K_2[Sn(OH)_6] + Bi$$
$$\text{schwarz}$$

Herstellung der Stannat-II-Lsg.:

Mehrere Körnchen $SnCl_2$ in 2 ml H_2O lösen, mit 2 N KOH versetzen, bis die Lösung klar ist.

Cu^{++}:

Ist die Lösung (L_4) kornblumenblau gefärbt, so gilt Cu als nachgewiesen.

$$Cu^{++} + 4\,NH_3 \longrightarrow [Cu(NH_3)_4]^{++}$$
$$\text{blau}$$

Cd^{++}:

Ist Cu vorhanden, wird soviel KCN zugegeben, bis die blaue Lösung entfärbt ist, anschließend wird langsam H_2S eingeleitet.

Cd^{++} fällt als gelber Niederschlag.

$$Cd^{++} + S^{--} \longrightarrow CdS\downarrow$$
$$\text{gelb}$$

Theoretische Erläuterungen:

$$Cu^{++} + 4NH_3 \rightleftharpoons [Cu(NH_3)_4]^{++}$$

In der blauen Kupfertetramminlösung wird durch Zugabe von KCN das Kupfer maskiert. Die Cu^{++}-Ionen, die nach Einstellen des obigen Gleichgewichtes noch vorhanden sind, werden von den CN^--Ionen über die folgenden Reaktionen als $[Cu(CN)_4]^{3-}$-Komplex gebunden.

$$Cu^{++} + 2CN^- \longrightarrow Cu(CN)_2$$
$$2Cu(CN)_2 \longrightarrow 2CuCN + (CN)_2$$

In ammoniakalischer Lösung disproportioniert das Dicyan sofort:

$$(CN)_2 + 2NH_4OH \longrightarrow NH_4CN + NH_4OCN + H_2O$$

Im Überschuß von KCN löst sich CuCN zu dem farblosen, sehr beständigen Komplexion $[Cu(CN)_4]^{3-}$ auf.

Der $[Cu(CN)_4]^{3-}$-Komplex ist so stabil, d. h. so wenig dissoziiert, daß beim Einleiten von H_2S das Löslichkeitsprodukt von Cu_2S nicht überschritten wird: Es fällt kein Cu_2S aus.

Da der $[Cu(CN)_4]^{3-}$-Komplex stabiler ist als der $[Cu(NH_3)_4]^{++}$-Komplex, zerfällt der Kupfertetrammin-Komplex laufend: Die blaue Farbe verschwindet.

Im Gegensatz zu dem $[Cu(CN)_4]^{3-}$-Komplex ist der sich ebenfalls bildende $[Cd(CN)_4]^{--}$-Komplex soweit in seine Einzelionen dissoziiert, daß mit H_2S das Löslichkeitsprodukt des CdS überschritten wird und gelbes CdS ausfällt.

2.1.4.2.2. Trennung der Arsengruppe:

In der Lösung (L_1) liegen $As^{3+(5+)}$, $Sb^{3+(5+)}$ und Sn^{4+} als Anionen der Oxo-, Thiooxo- und Thiosäuren vor.

Beim Ansäuern mit 30%iger HAc fallen $As_2S_{3(5)}$, $Sb_2S_{3(5)}$ und $SnS_{(2)}$ wieder aus, oft mit Schwefel vermischt. Sie werden abfiltriert und mit heißem Wasser gewaschen. Dieser Rückstand (R_7) wird in etwa zwei gleich große Hälften geteilt (a + b) und wie folgt identifiziert:

$As^{3+(5+)}$:

a) Die eine Hälfte wird mit konz. $(NH_4)_2CO_3$-Lsg. ausgekocht, heiß filtriert, und das Filtrat mit einigen Tropfen H_2O_2 versetzt. Anschließend wird bis zum Aufhören der Sauerstoffentwicklung gekocht. Hierbei ist das gesamte Arsen in AsO_4^{3-} übergegangen. Die klare Lsg. wird tropfenweise mit Magnesiamixtur versetzt, dabei bildet sich ein weißer kristallisierter Niederschlag (R_8) von $MgNH_4AsO_4$. Unter dem Mikroskop müssen sich sargdeckelartige oder schneekristallähnliche Kristalle zeigen, die isomorph mit den $MgNH_4PO_4$-Kristallen sind.

Magnesiamixtur: Lösung aus 10 g $MgCl_2 \cdot 6 H_2O$ und 14 g NH_4Cl und 70 g konz. NH_4OH in 150 g H_2O.

Nach dem Lösen einige Zeit stehenlassen und dann filtrieren.

$Sb^{3+(5+)}$:

b) Der andere Teil des Niederschlages wird in konz. HCl gekocht und filtriert. Anschließend wird diese Lsg. mit verd. HCl versetzt und geteilt (I + II).

I: In die eine Hälfte des Filtrats wird ein blanker Eisennagel gebracht. Antimon scheidet sich als schwarzer flockiger Niederschlag auf dem Eisennagel ab.

$$3 Fe + 2 Sb^{+++} \longrightarrow 3 Fe^{++} + 2 Sb$$

$Sn^{2+(4+)}$:

II: Mit der zweiten Hälfte wird die Zinnleuchtprobe ausgeführt (siehe 2.1.1.5.).

Das Filtrat (F_2) der Schwefelwasserstoffgruppe wird mit zwei Spatelspitzen NH_4Cl versetzt, danach mit 5 N NH_4OH ammoniakalisch gestellt. Nach dem Erwärmen bis fast zum Sieden wird ca. 5 min langsam H_2S eingeleitet. Der Niederschlag (R_1) wird abfiltriert (Filtrat F_3) und mindestens zweimal mit heißem Wasser gewaschen. Das Filtrat muß farblos ablaufen. Wenn es eine bräunliche Farbe hat, befinden sich kolloidales CoS und NiS im Filtrat. In diesem Fall versetzt man die Lösung mit einigen Tropfen Eisessig und kocht auf. Die genannten Sulfide fallen aus und lassen sich filtrieren. Außerdem wird das Filtrat daraufhin überprüft, ob beim weiteren Einleiten von H_2S ein neuer Niederschlag entsteht. Der Rückstand (R_1) wird in eine Kasserolle abgeklatscht, mit $10-20$ ml 1 N HCl versetzt und gerührt, ohne zu erwärmen. Außer CoS und NiS geht alles in Lösung. In der Lösung (L_1) sind nach dem Filtrieren die übrigen Kationen der Ammonsulfidgruppe. Der schwarze Rückstand (R_2) wird mit heißem Wasser gewaschen. Ein Teil des Rückstandes (R_2) wird in einem Reagenzglas mit ca. 10 ml 5 N HCl und mit einigen Tropfen 30%igem H_2O_2 versetzt und so lange gekocht, bis die Chlorentwicklung beendet und der größte Teil des Rückstandes (R_2) in Lösung gegangen ist. Ungelöstes ist meistens Schwefel. Die salzsaure Lösung wird geteilt (I + II) und Co^{++} und Ni^{++} nachgewiesen.

Ni^{++}:

I: Es wird mit 5 N NH$_4$OH alkalisch gestellt und mit alkoholischer Dimethylglyoximlösung versetzt. Es fällt ein himbeerroter Niederschlag von Ni-Dimethylglyoxim aus.

$$2 \begin{array}{l} CH_3-C=N-OH \\ | \\ CH_3-C=N-OH \end{array} + Ni^{++} \longrightarrow \begin{array}{c} \quad\;\; H \\ O \cdots O \\ CH_3-C=N \quad N=C-CH_3 \\ \quad\quad\quad\; Ni \\ CH_3-C=N \quad N=C-CH_3 \\ O \qquad O \\ H \end{array} + 2 H^+$$

Co^{++}:

II: Der andere Teil der salzsauren Lösung wird mit Äther überschichtet, mit einer Spatelspitze NH$_4$SCN versetzt und geschüttelt. Der Äther zeigt bei Anwesenheit von Co eine blaue Farbe.

$$Co^{++} + 4 SCN^- + 2 H^+ \longrightarrow H_2[Co(SCN)_4]$$
$$\text{blau}$$

Sollte die Ätherphase rot sein, so wurde das Eisen nicht vollständig ausgewaschen. Durch Zugabe von festem NaF läßt sich eine Entfärbung erzielen.

$$Fe^{3+} + 3 SCN^- \rightleftarrows Fe(SCN)_3$$
$$\text{rot}$$

$$Fe^{3+} + 6 F^- \rightleftarrows [FeF_6]^{3-}$$
$$\text{farblos}$$

In die Lösung L$_1$ (Fe^{++}, Mn^{++}, Al^{3+}, Cr^{3+}, Zn^{++} enthaltend) wird so lange festes Na$_2$CO$_3$ gegeben, bis sich ein ganz geringer Niederschlag gebildet hat. Diese Lösung wird in eine wie folgt vorbereitete alkalische Peroxidlösung gegeben. In einen trockenen 250-ml-Erlenmeyer wird soviel Na$_2$O$_2$ gegeben, daß der Boden gerade bedeckt ist. Vorher bereitgestellte 50 ml dest. Wasser werden schnell hinzugefügt. Die mit Soda versetzte Lösung (L$_1$) wird in dünnem Strahl in die noch kalte Na$_2$O$_2$-Aufschlämmung gegossen, und zwar unter ständigem Umschütteln des Erlenmeyers. Nach Abklingen der lebhaften Sauerstoffentwicklung wird bis zum Sieden erwärmt. Nach beendeter Sauerstoffentwicklung wird das ausgefallene Fe(OH)$_3$ und MnO(OH)$_2$ als Rückstand (R$_3$) von der Lösung (L$_2$) abfiltriert und mit heißem Wasser chloridfrei gewaschen.

Mn^{++}:

Ein Teil des braunen Niederschlages wird unter Erwärmen in einem Gemisch (1:1) aus konz. und verd. HNO_3 gelöst. Zu dieser Lösung wird eine Spatelspitze PbO_2 gegeben und erneut aufgekocht. Wenn nach dem Absetzen des PbO_2 die Lösung kräftig dunkelviolett gefärbt ist, war Mangan vorhanden.

$$2\,MnO(OH)_2 + 3\,PbO_2 + 6\,HNO_3 \rightarrow 2\,HMnO_4 + 3\,Pb(NO_3)_2 + 4\,H_2O$$
$$\text{violett}$$

Fe^{3+}:

Der zweite Teil des Rückstandes (R_3) wird in verd. Salzsäure gelöst und geteilt (I a + I b).

I a) Ein Teil wird mit einer Lösung von Kaliumhexacyanoferrat-(II) (gelbes Blutlaugensalz) versetzt.

Beim Entstehen eines tiefblauen Niederschlages von Berliner Blau gilt Eisen als nachgewiesen.

$$3\,K_4[Fe(CN)_6] + 4\,Fe^{3+} \longrightarrow Fe_4[Fe(CN)_6]_3 \downarrow + 12\,K^+$$
$$\text{Berliner Blau}$$

I b) Der andere Teil der Lösung wird mit einer Spatelspitze festem NH_4SCN versetzt. Bei Vorhandensein von Fe^{3+} tritt eine tiefrote, kaum durchsichtige Lösungsfarbe auf; wenn nur eine schwache braunrote Lösungsfarbe zu beobachten ist, liegen nur Spuren von Fe^{3+} als Verunreinigung vor.

Cr^{3+}:

Wenn die Lösung (L_2) gelb gefärbt ist, ist zu vermuten, daß Chrom als CrO_4^{--} vorliegt. Um sicher zu sein, führt man folgenden Nachweis aus: Ca. 5 ml der H_2O_2-freien stark alkalischen Lösung werden abgekühlt und mit 5 N H_2SO_4 schwefelsauer gestellt, wiederum abgekühlt und mit $1-2$ ml Äther überschichtet. An der Wandung des schräg gehaltenen Reagenzglases läßt man einige Tropfen 30%iges H_2O_2 herablaufen und schüttelt danach einmal kräftig durch. War Chromat vorhanden, so zeigt der Äther eine kräftige blaue Farbe.

Wenn diese Probe positiv ausgefallen ist, wird das gesamte restliche Filtrat essigsauer gestellt und das Chromat durch Zugabe von $BaCl_2$-Lösung vollständig ausgefällt. Danach wird aufgekocht und filtriert. Die farblose Lösung (L_3) wird mit 5 N NH_3 ammoniakalisch gestellt. Al^{3+} fällt als flockiges weißes Hydroxid aus (R_5), das abfiltriert (L_4) und mit heißem Wasser gewaschen wird.

Al^{3+}:

Zur Identifizierung des Aluminiums wird die Thénards-Blau-Reaktion verwendet. Ein Teil des $Al(OH)_3$-Niederschlages wird auf eine Magnesiarinne gebracht, mit höchstens 2 Tropfen einer 0,1%igen $Co(NO_3)_2$-Lösung versetzt und geglüht. Zeigt sich nach dem Abkühlen eine blaue Farbe, so gilt Aluminium als nachgewiesen.

$$2\,Al(OH)_3 \longrightarrow Al_2O_3 + 3\,H_2O$$

$$Co(NO_3)_2 \longrightarrow CoO + N_2O_5$$

$$Al_2O_3 + CoO \longrightarrow CoAl_2O_4$$
$$\text{Thénards-Blau}$$

Zn^{++}:

Die Lösung (L_4) wird zum Nachweis von Zink mit Eisessig schwach sauer gestellt und H_2S eingeleitet. Es entsteht ein weißer Niederschlag von ZnS.

Der Niederschlag läßt sich mit Hilfe der Rinmanns-Grün-Reaktion identifizieren. Man verfährt mit dem ZnS-Niederschlag (R_6) genauso wie mit dem $Al(OH)_3$ (R_5). Färbt sich nach dem Abkühlen die Magnesiarinne grün, so ist Zn als $ZnCoO_2$ (Rinmanns-Grün) nachgewiesen.

2.1.4.4. Ammoniumcarbonatgruppe

Das ammoniakalische Filtrat (F_3) der Ammonsulfidgruppe wird eingeengt und nach HNO_3-Zusatz abgeraucht, danach in HCl aufgenommen, mit NH_3-Lösung und $1-2$ g Ammoniumcarbonat (oder NH_4HCO_3 oder Ammoniumcarbaminat) versetzt und ca. 10 min gekocht.

Die Gruppe IV fällt aus. Der Rückstand (R_1) wird abfiltriert und aufgearbeitet.

Die Fällung muß quantitativ sein. Dies wird geprüft, indem man das Filtrat (L_1) mit festem $(NH_4)_2CO_3$ versetzt. Tritt erneut ein Niederschlag auf, so war die erste Fällung unvollständig. In diesem Fall wird so lange $(NH_4)_2CO_3$ zugegeben und aufgekocht, bis sich kein Niederschlag mehr bildet. Nach vollständiger Fällung wird abfiltriert und chloridfrei gewaschen. Der Filterrückstand R_1 wird möglichst konzentriert in 30%iger HAc heiß gelöst und mit mehreren Spatelspitzen NaAc versetzt.

Ba^{++}:

Eine Probe dieser Lösung L_1 wird verdünnt und mit $K_2Cr_2O_7$-Lösung versetzt. Bei Anwesenheit von Barium fällt dieses als $BaCrO_4$ aus. Ist dies der Fall, wird die gesamte Lösung L_1 mit $K_2Cr_2O_7$-Lösung versetzt, beide

$BaCrO_4$-Niederschläge werden abfiltriert. Die überstehende Lösung muß gelb sein, sonst ist die Ausfällung des $BaCrO_4$ nicht vollständig.

Sr^{++}:

Wenn die Probe mit $K_2Cr_2O_7$ in der Lösung L_1 negativ ausfiel, wird ein Tropfen dieser Lösung oder ein Tropfen des $BaCrO_4$-Filtrates auf ein Filterpapier gegeben und mit einem Tropfen Na-Rhodizonat versetzt. Bei Gegenwart von Sr^{++} entsteht ein brauner Fleck, der mit mehreren Tropfen 1 N HCl verschwindet. Schlägt die Farbe nach einem intensiven Rot um, so ist Barium und/oder Strontium vorhanden. Bei Anwesenheit von Strontium wird die Lösung L_2 mit festem $(NH_4)_2SO_4$ versetzt und Sr^{++} vollkommen als $SrSO_4$ ausgefällt. Auch Ca^{++} fällt als $CaSO_4$, doch bleibt noch soviel Ca^{++} in Lösung, daß der folgende Ca^{++}-Nachweis gelingt.

Ca^{++}:

Der Rückstand R_3 wird abfiltriert und die Lösung L_2 mit 2 – 3 Spatelspitzen NaAc und mit $(NH_4)_2C_2O_4$ versetzt. Bei Anwesenheit von Ca^{++} fällt ein weißer Niederschlag von CaC_2O_4.

2.1.4.5. Alkalien und Magnesium

Das Filtrat F_4 der Ammoncarbonatgruppe enthält Mg^{++}, Na^+ und K^+. Es wird eingedampft und mit verd. HNO_3 zweimal abgeraucht, um die Ammonsalze zu zerstören. Der Rückstand wird in 30%iger HAc aufgenommen und gedrittelt (I, II, III).

Mg^{++}:

I: Die Lösung wird mit einer Spatelspitze NH_4Cl und hierauf mit 5 N NH_4OH versetzt. Zu der erwärmten ammoniakalischen Lösung fügt man tropfenweise eine verdünnte Na_2HPO_4-Lösung. Ist Mg^{++} vorhanden, so erhält man einen weißen, kristallinen Niederschlag.

Unter dem Mikroskop müssen sargdeckelähnliche oder schneekristallartige Kristalle von $MgNH_4PO_4$ festzustellen sein.

$$Mg^{++} + PO_4^{3-} + NH_4^+ \longrightarrow MgNH_4PO_4$$

Na^+:

II: Das zweite Drittel der essigsauren Lösung wird mit einer konzentrierten Lösung von Magnesiumuranylacetat versetzt. Bei Anwesenheit von Na^+ fällt ein gelber Niederschlag von Natriummagnesiumuranylacetat. Dieser Nachweis läßt sich gut im Mikromaßstab auf einem Objektträger ausführen. Unter dem Mikroskop sind gut ausgebildete Oktaeder sichtbar.

$$NaCl + 3\,UO_2(Ac)_2 + Mg(Ac)_2 + HAc + 9\,H_2O$$
$$\longrightarrow NaMg(UO_2)_3(Ac)_9 \cdot 9\,H_2O + HCl$$

K$^+$:

III: Den letzten Teil der konzentrierten, essigsauren Lösung versetzt man mit Perchlorsäure. Es entsteht ein weißer, sich schnell wie Sand absetzender Niederschlag von Kaliumperchlorat. Auch diese Reaktion läßt sich auf dem Objektträger ausführen: Ein Tropfen der essigsauren Lösung und ein Tropfen HClO$_4$ werden auf dem Objektträger gemischt. Unter dem Mikroskop lassen sich stäbchen- oder perlschnurartige Gebilde erkennen.

$$K^+ + ClO_4^- \longrightarrow KClO_4\downarrow$$
$$\text{weiß}$$

2.1.5. Aufschlüsse

2.1.5.1. Aufschluß der Erdalkalisulfate

Da die Sulfate des Ba, Sr und teilweise des Ca ebenso wie CoO, NiO, Ni$_2$O$_3$, Al$_2$O$_3$, Fe$_2$O$_3$, Cr$_2$O$_3$, SiO$_2$ in den üblichen Säuren schwer löslich sind, müssen sie zum Nachweis erst in andere Verbindungen überführt werden. Dazu dient der Aufschluß mit geschmolzenen Alkalicarbonaten:

$$SiO_2 + K_2CO_3 \longrightarrow K_2SiO_3 + CO_2$$
$$BaSO_4 + Na_2CO_3 \longrightarrow BaCO_3 + Na_2SO_4$$

Der in verd. und konz. Salzsäure unlösliche Rückstand der Analysensubstanz wird nach Abtrennung von der Lösung im Trockenschrank getrocknet und in einem Porzellantiegel (besser Nickeltiegel) mit der sechsfachen Menge einer Mischung von K$_2$CO$_3$ und Na$_2$CO$_3$ sorgfältig gemischt und über der nichtleuchtenden Flamme erhitzt, bis die Schmelze einen klaren Schmelzfluß zeigt. Hierfür sind etwa 5 bis 10 Minuten des Erhitzens erforderlich. Dann läßt man die Schmelze erkalten, legt den Tiegel samt Inhalt in ein Becherglas, fügt soviel dest. Wasser hinzu, daß der Tiegel restlos unter Wasser liegt, und erhitzt so lange zum Sieden, bis sich die Schmelze aus dem Tiegel herausgelöst hat. In Lösung befinden sich die überschüssigen Alkalicarbonate und die durch doppelte Umsetzung entstandenen Alkalisulfate; ungelöst zurück bleiben die Erdalkalicarbonate, die abfiltriert werden. Es muß so lange mit heißem Wasser gewaschen werden, bis das Filtrat vollkommen SO$_4^{--}$-frei abläuft. Erst dann können die Erdalkalicarbonate in heißer verdünnter Essigsäure nach 2.1.4.4. gelöst und aufgetrennt werden.

Ca. 1 g Ursubstanz + ca. 10 ml 5 N HCl, sieden, abkühlen, filtrieren

F_1: Hg^{2+}, Pb^{2+}, Bi^{3+}, Cu^{2+}, Cd^{2+} $As^{3+(5+)}$, $Sb^{3+(5+)}$, $Sn^{2+(4+)}$ Co^{2+}, Ni^{2+}, $Fe^{2+(3+)}$, Mn^{2+}, Al^{3+}, Cr^{3+}, Zn^{2+} Ba^{2+}, Sr^{2+}, Ca^{2+}

Na^+, K^+, Mg^{2+}

R_1: Hg_2Cl_2 $AgCl$ $PbCl_2$
+ heißes Wasser

R_2: Hg_2Cl_2 $AgCl$
+ 5 N Ammoniak

L_1: Pb^{2+}
1) + 30% HAc
+ NaAc
+ $K_2Cr_2O_7$
$\rightarrow PbCrO_4$ gelb

2) + 30% HAc
+ NaAc
+ KJ
$\rightarrow PbJ_2$ gelb

R_3: Hg + $HgNH_2Cl$ schwarz

L_2: $[Ag(NH_3)_2]^+Cl^-$
+ 5 N HNO_3
$\rightarrow AgCl$ weiß

1) Amalgamprobe

F_1: Pb^{2+}, Hg^{2+}, Bi^{3+}, Cu^{2+}, Cd^{2+}, $As^{3+(5+)}$, $Sb^{3+(5+)}$, $Sn^{2+(4+)}$, Co^{2+}, Ni^{2+}, $Fe^{2+(3+)}$, Mn^{2+}, Al^{3+}, Cr^{3+}, Zn^{2+}, Ba^{2+}, Sr^{2+}, Ca^{2+}, Na^+, K^+, Mg^{2+} | $+ H_2O + NH_4Ac + H_2S$

	HgS	PbS	Bi_2S_3	CuS	CdS	$As_2S_{3(5)}$	$Sb_2S_{3(5)}$	$SnS_{(2)}$
R_1:	HgS	PbS	Bi_2S_3	CuS + 2 N KOH, erwärmen	CdS	$As_2S_{3(5)}$	$Sb_2S_{3(5)}$	$SnS_{(2)}$
R_2:	HgS + 5 N HNO_3, erwärmen	PbS	Bi_2S_3	CuS	CdS	L_1: As^{3+}	Sb^{3+} + 30%ige HAc	Sn^{2+}
R_3: + HCl konz. + 30%iges H_2O_2 Kochen bis Chlorentwickl. beendet.	HgS	PbS + 2–3 ml konz. H_2SO_4, abrauchen	Bi_2S_3 + 2–3 ml konz. H_2SO_4, abrauchen	Cu^{2+} + konz. H_2SO_4, abrauchen	Cd^{2+}	R_7: As_2S_3	Sb_2S_3 Rückstand teilen	SnS
	1) Amalgampr. 2) + $SnCl_2$ + HCl →a) $\underline{Hg_2Cl_2}$ weiß →b) $\underline{Hg}$ schwarz	L_2: Pb^{2+}	Bi^{3+} + konz. NH_3	Cu^{2+} + konz. NH_3	Cd^{2+}	a) + $(NH_4)_2CO_3$-Lsg. + H_2O_2, kochen + Magnesiamixtur	b) + konz. HCl, kochen, filtrier. + verd. HCl, teilen	
		R_4: $PbSO_4$ in NaAc-Lsg. od. Ammontartrat-Lsg. lösen 1) + K_2CrO_4 →$\underline{PbCrO_4}$ gelb 2) + KJ →$\underline{PbJ_2}$ gelb	L_3: Bi^{3+}	L_4: $\underline{Cu(NH_3)_4^{2+}}$ Lsg. blau	Cd^{2+}	R_8: $\underline{MgNH_4AsO_4}$ weiß	I. + Fe-Nagel kochen →$\underline{Sb}$ schwarz	II. Zinnleuchtprobe
			R_5: $Bi(OH)_3$ + Stannatlsg. →$\underline{Bi}$ schwarz	+ KCN + H_2S				
				R_6: $\underline{CdS}$ gelb				

F_2: Co^{2+}, Ni^{2+}, $Fe^{2+(3+)}$, Mn^{2+}, Al^{3+}, Cr^{3+}, Zn^{2+}, Ba^{2+}, Ca^{2+}, Sr^{2+}, Mg^{2+}, Na^+, K^+

F_2: Co^{2+}, Ni^{2+}, $Fe^{2+(3+)}$, Mn^{2+}, Al^{3+}, Cr^{3+}, Zn^{2+}, Ba^{2+}, Sr^{2+}, Ca^{2+}, Mg^{2+}, Na^+, K^+ | + NH_4Cl + 5 N NH_4OH + H_2S

R_1:	CoS	NiS	FeS	MnS	$Cr(OH)_3$	$Al(OH)_3$	ZnS	F_3: Ba^{2+} / Sr^{2+} ; Ca^{2+} Mg^{2+} Na^+ K^+
			+ 1 N HCl, kalt verrühren					
R_2:	CoS	NiS	L_1: Fe^{2+}	Mn^{2+}	Cr^{3+}	Al^{3+}	Zn^{2+}	
	+5 N HCl + H_2O_2 kochen bis Chlorentwickl. beendet Lsg. teilen		+ Na_2CO_3, dann eingießen in Na_2O_2-Lsg., kochen, filtrieren					
R_3:			$Fe(OH)_3$	$MnO(OH)_2$	L_2: CrO_4^{2-}	$Al(OH)_4^-$	$Zn(OH)_4^{2-}$	
			chloridfrei waschen, R_3 teilen		+ HAc + $BaCl_2$			
I. + 5 N NH_4OH		II. + Äther + NH_4SCN schütteln	I. in HCl lösen teilen	II. + HNO_3 + PbO_2 kochen + H_2O	R_4: $BaCrO_4$ gelb	L_3: Al^{3+}	Zn^{2+} + 5 N NH_4OH	
+ Diacetyldioxim				MnO_4^- violett		R_5: $Al(OH)_3$	L_4: Zn^{2+}	
Ni-diacetyldioxim rot		Ätherphase blau	Ia) + $K_4Fe(CN)_6$ $Fe_4[Fe(CN)_6]_3$ blau			Thénardsblau-Reaktion	+ HAc + H_2S	
			Ib) + NH_4SCN $Fe(SCN)_3$ rot				R_6: $\dfrac{ZnS}{\text{weiß}}$ Rinnmannsgrün-Reaktion	

F₃: Ba^{2+}, Sr^{2+}, Ca^{2+}, Mg^{2+}, Na^+, K^+ | NH_4^+-Salze mit HNO_3 abrauchen, in wenig HCl aufnehmen + NH_3 + $(NH_4)_2CO_3$, kochen

R₁: $BaCO_3$	$SrCO_3$ + 30%ige HAc	$CaCO_3$	F₄: Mg^{2+} Na^+ K^+ NH_4^+-Salze durch Abrauchen mit HNO_3 zerstören Rückst. + 30%ige HAc und Lsg. dritteln		
Ba^{2+}	Sr^{2+} + NaAc + $K_2Cr_2O_7$	Ca^{2+}	I. + NH_4Cl + 5 N NH_3 + Na_2HPO_4 → $\underline{MgNH_4PO_4}$ weiß	II. + Mg-uranyl-acetat → $\underline{NaMg\text{-}uranyl\text{-}acetat}$ gelb	III. + $HClO_4$ → $\underline{KClO_4}$ weiß
R₂: $\underline{BaCrO_4}$ gelb	L₁: Sr^{2+} Prüfung auf Sr^{2+} mit Na-rhodizonat, wenn positiv + $(NH_4)_2SO_4$	Ca^{2+}	Kristallform beachten!	Kristallform beachten!	Kristallform beachten!
	R₃: $\underline{SrSO_4}$ weiß	L₂: Ca^{2+} + NaAc + $(NH_4)_2C_2O_4$ → $\underline{CaC_2O_4}$ weiß			
		Kristallform beachten!			

2.1.5.2. Freiberger Aufschluß

Von den Verbindungen der Elemente der H_2S-Gruppe ist nur SnO_2 schwerlöslich. Vermutet man auf Grund der Sn-Leuchtprobe im säure-schwerlöslichen Rückstand der Analysensubstanz SnO_2, so wird der Frei-berger Aufschluß angewandt.

$$2\,SnO_2 + 2\,Na_2CO_3 + 9\,S \longrightarrow 2\,Na_2SnS_3 + 3\,SO_2 + 2\,CO_2$$

Die trockene schwerlösliche Substanz wird mit der sechsfachen Menge eines Gemisches aus gleichen Teilen Schwefel und wasserfreier Soda innig vermischt und im Porzellantiegel verschmolzen. Nach dem Auslaugen der Schmelze mit Wasser und Filtrieren wird das Filtrat mit 1 N HCl versetzt, wobei SnS_2 ausfällt.

$$Na_2SnS_3 + 2\,HCl \longrightarrow 2\,NaCl + H_2S + SnS_2$$

Den Niederschlag löst man in HCl (1:1) und weist das Zinn durch die Zinnleuchtprobe nach (siehe 2.1.1.5.).

2.2. Organische Analyse

2.2.1. Nachweis von Stickstoff, Schwefel und Halogenen

2.2.1.1. Aufschluß organischer Verbindungen mit Natrium

Außer den typischen Elementen Kohlenstoff, Wasserstoff und Sauer-stoff kommen in organischen Verbindungen vor allem noch Stickstoff, Schwefel und die Halogene vor. Um diese Elemente nachweisen zu kön-nen, schließt man die unbekannte Substanz mit Natrium auf. Dabei werden die vorhandenen Elemente in die wasserlösliche Form überführt:

$$C, H, N, O, S, Hal \xrightarrow{\ Na\ } Na_2S, NaCN, NaHal, NaSCN$$

Vorsicht: Einige Verbindungen wie Polyhalogenide, Nitroalkane, Diazo-verbindungen zersetzen sich nach der Natriumzugabe explosiv. Deshalb den Aufschluß nur im Abzug unter Benutzung der Schutzbrille durchführen.

Ausführung:
Ca. 20 mg Substanz werden in ein Glühröhrchen gegeben. In das schräg gehaltene Röhrchen legt man oberhalb der Substanz ein ca. 5 mm langes sauberes Stück Natrium. Nun wird das Natrium in einer kleinen spitzen Brennerflamme geschmolzen, wobei es in die Substanz tropft. Man erhitzt dann das ganze Glühröhrchen kurze Zeit zur Rotglut und gibt es glühend

in ein Becherglas mit 5 ml Wasser. Das Rohr zerspringt und die wäßrige Lösung wird abfiltriert.

Flüssigkeiten behandelt man erst in der Kälte mit Natrium.

Wasserstoffentwicklung weist auf saure Verbindungen hin: Säuren, Alkohole, CH-acide Verbindungen. Explodiert die Substanz beim Mischen oder Erhitzen mit Natrium, so geht man folgendermaßen vor:

100 mg Substanz löst man in 1 – 2 ml Eisessig und gibt 100 mg Zinkstaub zu. Man erwärmt zu leichtem Sieden, bis alles Zink in Lösung gegangen ist. Nun wird zur Trockene eingeengt, der erhaltene Rückstand wird wie oben beschrieben aufgeschlossen.

2.2.1.2. Stickstoffnachweis (LASSAIGNE-Probe)

1 ml filtrierter Aufschlußlösung wird mit wenig Eisen-II-sulfat versetzt und gekocht. Das Eisensalz löst sich und Eisenhydroxid fällt aus. Ist die Substanz schwefelhaltig, bildet sich manchmal schwarzes Eisensulfid. Nun kühlt man den Reagenzglasinhalt ab und setzt tropfenweise halbkonzentrierte Salzsäure bis zur sauren Reaktion zu. Ausfallendes Berliner Blau, evtl. nur eine grün-blaue Färbung zeigt die Anwesenheit von Stickstoff.

Enthält die Substanz auch Schwefel, kann der Stickstoffnachweis erschwert sein. Man wiederholt dann den Aufschluß mit der doppelten Natriummenge und führt den Stickstoffnachweis mit mehr Eisen-II-sulfat durch.

2.2.1.3. Schwefelnachweis

1 – 2 ml der filtrierten Aufschlußlösung werden mit Essigsäure sauer gestellt. Bildet sich nach Zusatz von Bleiacetatlösung eine schwarze Fällung von Bleisulfid, ist Schwefel anwesend.

Der Nachweis ist empfindlicher, wenn man 0,5 ml der alkalischen Aufschlußlösung mit 2 Tropfen Nitroprussidnatriumlösung versetzt. Anwesenheit von Schwefel wird durch eine violette Färbung angezeigt.

2.2.1.4. Halogennachweis

Die Halogene werden nach dem Ansäuern der Aufschlußlösung mit Salpetersäure in der üblichen Weise mit Silbernitratlösung nachgewiesen.

Ist die Probe stickstoffhaltig, muß man die entstandene Blausäure vor der Fällung mit Silbernitrat auf siedendem Wasserbad verkochen (Abzug). Die Halogene werden nach den Methoden der anorganischen Analyse unterschieden (2.1.3.1.2.).

2.2.2. Nachweise funktioneller Gruppen

2.2.2.1. Aldehyde und Ketone

Aldehyde und Ketone lassen sich als Semicarbazone in einer definierten Form isolieren.

Arbeitsvorschrift: 4.2.3.

Schmelzpunkte: Organikum 9. Auflage, S. 674, 685, 689

$$\begin{matrix} R_1 \\ {\Large\diagdown} \\ \end{matrix} C{=}O + NH_2{-}\underset{\underset{O}{\|}}{C}{-}NH{-}NH_2 \longrightarrow$$

Keton
Aldehyd:
(R$_2$ = H)

$$\begin{matrix} R_1 \\ {\Large\diagdown} \\ R_2 \end{matrix} C{=}N{-}NH{-}\underset{\underset{O}{\|}}{C}{-}NH_2 + H_2O$$

2.2.2.2. Alkohole, Phenole

Nachweis mit Cerammonnitrat-Reagens (1 g Cerammonnitrat $(NH_4)_2[Ce(NO_3)_6]$ wird in 2,5 ml 2 N HNO_3 gelöst, evtl. durch mildes Erwärmen. Nach dem Abkühlen ist das Reagenz gebrauchsfertig).

2.2.2.2.1. Wasserlösliche Substanzen

0,5 ml Cerammonnitrat-Reagens-Lösung werden mit 3 ml H_2O verdünnt und mit 5 Tropfen einer konz. wäßrigen Lösung der Substanz versetzt.

2.2.2.2.2. Wasserunlösliche Substanzen

0,5 ml Reagenzlösung werden mit 3 ml Dioxan verdünnt und tropfenweise mit so viel Wasser versetzt, bis eine klare Lösung vorliegt. Nun gibt man 5 Tropfen einer konz. Lösung der Substanz in Dioxan zu.

Alkohole: Rotfärbung
Phenole: In wäßriger Lösung grünlichbraune bis braune Fällung
      In Dioxan tiefrote bis braune Färbung
  Einschränkungen: Eindeutige Reaktion nur mit Verbindungen, die nicht mehr als 10 C-Atome besitzen. Mehrwertige Alkohole können durch Oxydation rasch entfärbt werden. Ebenfalls positiv reagieren Amine und Substanzen, die leicht zu farbigen Verbindungen oxydiert werden.

2.2.2.3. Amine

Primäre aromatische Amine geben durch Behandlung mit salpetriger Säure eine Diazoverbindung, die nach anschließender Kupplung einen Farbstoff bildet (vgl. 2.1.3.1.5.1. und 4.2.8.).

Ferner läßt sich aus primären aromatischen und auch aliphatischen Aminen das entsprechende Benzolsulfamid herstellen (vgl. 4.2.2.). Tertiäre Amine derivatisiert man wie folgt:

0,2 g tertiäres Amin (auch primäre und sekundäre lassen sich auf diese Weise umsetzen) werden in 5 ml 95%igem Äthylalkohol gelöst und mit einer gesättigten Lösung von Pikrinsäure in 95%igem Äthanol versetzt und aufgekocht. Die beim langsamen Abkühlen ausfallenden Kristalle werden abgesaugt und aus Alkohol umkristallisiert.

Einschränkungen: Manche aromatischen Kohlenwasserstoffe bilden ebenfalls Pikrate, die sich manchmal nicht umkristallisieren lassen.

Vorsicht! Pikrate können beim Erhitzen explodieren.

Schmelzpunkte der Derivate: Organikum, 9. Auflage, S. 678 – 680

2.2.2.4. Nitroverbindungen

Nitro- und Nitrosoverbindungen werden in saurer Lösung zu den entsprechenden Aminen reduziert (vgl. 4.2.5.) und anschließend nach 2.2.2.3. nachgewiesen.

3. Quantitative Analyse

3.1. Titrimetrische Verfahren

3.1.1. Alkalimetrie

3.1.1.1. Herstellen und Einstellen einer 0,1 N Salzsäure

Zunächst wird mit einem Aräometer die Dichte der konzentrierten Salzsäure genau ermittelt.

Aus Tabellenwerken ist die Normalität dieser konzentrierten Salzsäure ersichtlich.

Aus den so erhaltenen Werten lassen sich nach der Formel

$$\text{Normalität}_1 \cdot \text{Volumen}_1 = \text{Normalität}_2 \cdot \text{Volumen}_2$$

die entsprechenden Volumina errechnen.

Zum Beispiel:

$$\text{HCl konz.} \quad \varrho = 1,185 \, \frac{g}{ml} \quad \longrightarrow \quad 12,11 \, N$$

$$N_1 \cdot V_1 = N_2 \cdot V_2$$

$$V_1 = \frac{N_2 \cdot V_2}{N_1}$$

$$V_1 = \frac{0,1 \, \text{mval} \cdot 1000 \, ml}{ml \quad 12,11 \, \dfrac{\text{mval}}{ml}}$$

$$V_1 = 8,25 \, ml \quad 12,11 \, N \, HCl$$

$$V_2 = 1000 \, ml - 8,25 \, ml$$

$$V_2 = 991,75 \, ml \, H_2O$$

Man mißt die errechnete Salzsäuremenge ab, gibt sie in einen 1 l Meßkolben, füllt mit dest. H_2O auf und mischt gut durch. Diese Salzsäure ist ca. 0,1 N.

Um ihre genaue Normalität bzw. den Faktor zu ermitteln, verfährt man wie folgt:

Analysenreine Soda wird auf Chlorid- und Sulfatgehalt sowie auf klare Wasserlöslichkeit geprüft.

Diese Soda trocknet man in einem Wägegläschen bei 270°– 300 °C im Trockenofen bis zur Gewichtskonstanz. Dabei entweicht H_2O, etwa vorhandenes $NaHCO_3$ geht in Na_2CO_3 über. Man verschließt das noch heiße Wägegläschen und kühlt es im Exsikkator ab. Man wägt nach dem Abkühlen 3 Proben durch Differenzwägung in Erlenmeyerkolben ein und löst sie in ca. 100 ml entionisiertem Wasser (der voraussichtliche Verbrauch soll zwischen 30 und 40 ml 0,1 N HCl liegen), versetzt die Lösung mit 2 — 3 Tropfen Methylrot und titriert mit der oben angesetzten HCl von gelb nach rosa.

Die Lösung wird nun einige Minuten gekocht, wobei CO_2 entweicht und der Indikator wieder nach gelb umschlägt. Danach titriert man *sofort* mit HCl weiter bis zur Rosafärbung und überzeugt sich durch nochmaliges Kochen, daß die Färbung bestehenbleibt.

Aus den 3 Bestimmungen werden die Durchschnittswerte ermittelt.

Die Berechnung geht nach folgenden Überlegungen vor sich: Nehmen wir an, daß 217,1 mg Na_2CO_3 eingewogen wurden. Die Äquivalentmasse von Na_2CO_3 ist 52,98 g/val.

$$217,1 \text{ mg Soda sind also } \frac{217,1 \text{ mg}}{52,98 \text{ mg/mval}} = 4,099 \text{ mval}$$

$$4,099 \text{ mval Soda } \hat{=} 4,099 \text{ mval HCl}$$

Sind 38,26 ml HCl verbraucht worden, so bedeutet das, daß in dieser Menge 4,099 mval HCl enthalten waren.

Die Normalität ist wie folgt definiert:

$$N = \frac{m}{V} \left[\frac{mval}{ml} \right]$$

Die Normalität ist $\frac{4,099 \text{ mval}}{38,26 \text{ ml}} = 0,1072 \frac{mval}{ml}$; der Faktor der hergestellten HCl ist 1,072.

Genaue Normalität = Faktor · ungefähre Normalität

$$0,1702 \frac{mval}{ml} = 1,072 \cdot 0,1 \frac{mval}{ml}.$$

3.1.1.2. Titration von Natronlauge

Die im Meßkolben enthaltene Probe füllt man mit Wasser bis zur Eichmarke auf, mischt gut durch und pipettiert von dieser Lösung 25 ml in einen Erlenmeyerkolben, spült dessen Rand mit destilliertem CO_2-freiem Wasser nach, fügt 2 — 3 Tropfen Methylrot als Indikator hinzu und titriert mit 0,1 N HCl von gelb nach rosa.

Man macht 3 Bestimmungen und führt mit dem Mittelwert folgende Berechnung durch:

Beispiel:

Verbrauch = 35,20 ml 0,1 N HCl

Wahrer Verbrauch = V · f

$$= 35{,}20 \text{ ml} \cdot 1{,}072 = 37{,}75 \text{ ml genau } 0{,}1 \text{ N HCl}$$

1000 ml 0,1 N HCl neutralisierten 0,1 val = 4 g NaOH

37,75 ml 0,1 N HCl neutralisierten x g NaOH

$$x = \frac{4 \text{ g} \cdot 37{,}75 \text{ ml}}{1000 \text{ ml}} = 0{,}151 \text{ g NaOH}$$

In   25 ml Lösung sind 0,151 g NaOH

in 100 ml Lösung sind x g NaOH

$$x = \frac{0{,}151 \text{ g} \cdot 100 \text{ ml}}{25 \text{ ml}} = 0{,}604 \text{ g}$$

Angabe in mg NaOH/100 ml.

Bei allen Analysen werden Dreifachbestimmungen ausgeführt und der Mittelwert als Berechnungsgrundlage genommen. Die Berechnung hat logarithmisch zu erfolgen.

Die Reaktionsgleichungen sind aufzustellen.

3.1.1.3. Bestimmung von Natriumtetraborat in kristallisiertem Borax ($Na_2B_4O_7 \cdot 10 H_2O$)

Etwa 3 g der Analysensubstanz werden genau in einen 250-ml-Meßkolben eingewogen, durch Zugabe von CO_2-freiem Wasser gelöst und dann bis zur Eichmarke aufgefüllt.

25 ml der gründlich durchmischten Lösung werden mit 0,1 N HCl nach Zusatz von Methylrot bis zum Umschlag titriert. Der erreichte Farbton muß beim Aufkochen der Lösung (CO_2!) bestehenbleiben.

Berechnung:

$$1 \text{ ml } 0{,}1 \text{ N HCl} = \tfrac{1}{10} \text{ mval } Na_2B_4O_7$$

Anzugeben: Prozent $Na_2B_4O_7$

3.1.1.4. Bestimmung der Aminzahl

Definition der Aminzahl: die dem Verbrauch an 0,1 N HCl äquivalente Menge in mg KOH bezogen auf 1 g Einwaage ist die Aminzahl.

Der Meßkolbeninhalt wird bis zur Marke mit dest. H_2O aufgefüllt und gut vermischt. 25 ml dieser Lösung werden in einen 300-ml-Erlenmeyer pipettiert, mit 100 ml H_2O verdünnt, mit Methylrot als Indikator versetzt und mit 0,1 N HCl bis zum Farbumschlag nach orange titriert. Dreifachbestimmung! Mittelwert!

3.1.2. Acidimetrie

3.1.2.1. Herstellung und Faktorbestimmung einer 0,1 N Natronlauge

Man bereitet CO_2-freies Wasser, indem man einen 2-l-Erlenmeyerkolben nahezu ganz mit destilliertem Wasser füllt, mit einem passenden Schälchen bedeckt, ca. 20 min kochen läßt und dann abkühlt.

Nun wägt man etwa 4 – 5 g Ätznatron (pro analysi, in Plätzchen) auf einer gewöhnlichen Waage ab, spült die Plätzchen zur Beseitigung einer äußeren Carbonatschicht schnell mit Wasser ab und wirft sie in eine Glas- oder Polyäthylenflasche, die 1000 ml ausgekochtes Wasser enthält, verschließt diese und mischt gründlich durch. Sobald sich die Lösung auf Zimmertemperatur abgekühlt hat, entnimmt man für die einzelnen Titrationen je 25 ml und titriert nach Zusatz von Methylrot mit 0,1 N HCl genau wie bei der Einstellung der HCl.

3.1.2.2. Bestimmung des Schwefelsäuregehaltes einer Lösung

Die im 100-ml-Meßkolben erhaltene Lösung bis zur Eichmarke mit destilliertem Wasser auffüllen, mischen und 25 ml in einen 300-ml-Erlenmeyer pipettieren.

Mit 100 ml H_2O verdünnen und 3 Tropfen Taschiro als Indikator zugeben.

Mit 0,1 N NaOH bis zum Umschlag titrieren.

Taschiro: 100 ml 0,1%ige Lösung von Methylrot in Alkohol +
           25 ml 0,1%ige Lösung von Methylenblau in Alkohol.
Umschlag: von violettrosa nach grün
           pH-Wert = 5,4
Angabe: mg H_2SO_4/100 ml.

3.1.2.3. Bestimmung der Phosphorsäure durch stufenweise Titration

Phosphorsäure ist eine dreibasige Säure und bildet 3 Reihen von Salzen: primäre, sekundäre und tertiäre.

Bei der maßanalytischen Bestimmung kann daher bis zur Neutralisation der verschiedenen Aciditätsstufen titriert werden. Eine direkte Titration der tertiären Stufe ist jedoch nicht möglich.

Die im 250-ml-Meßkolben erhaltene Lösung wird mit CO_2-freiem Wasser bis zur Marke aufgefüllt und gut gemischt.

1. Stufe: 25 ml der Lösung werden in einen 300-ml-Erlenmeyer pipettiert, mit 50 ml CO_2-freiem H_2O verdünnt, mit 3 Tropfen Bromphenolblau (Umschlagspunkt pH 3,9) versetzt und mit 0,1 N NaOH bis zum Farbumschlag (grün verschwunden, erster Blauton) titriert.

2. Stufe: 25 ml Probelösung in der gleichen Weise wie bei der 1. Stufe behandeln, jedoch 8 Tropfen Thymolphthalein als Indikator zugeben (Umschlag bei pH 9: schwache Blaufärbung), mit 0,1 N NaOH titrieren.

Berechnung 1. Stufe:

Da nur ein H-Atom der H_3PO_4 durch Na ersetzt wird, ist die H_3PO_4 in diesem Fall eine einbasige Säure.

Berechnung 2. Stufe:

Da 2 H-Atome durch Na ersetzt wurden, ist die H_3PO_4 in diesem Fall eine zweibasige Säure.

Angabe: mg H_3PO_4/100 ml

3.1.2.4. Bestimmung des Essigsäuregehaltes einer Lösung

Die im 100-ml-Meßkolben befindliche Lösung wird mit Wasser bis zur Eichmarke aufgefüllt und gut durchmischt. Davon pipettiert man 25 ml in einen Erlenmeyer, in dem sich als Vorlage genau 25 ml 0,1 N NaOH befinden. Hierzu gibt man 50 ml Wasser und 5 Tropfen Phenophtalein und titriert die überschüssige Lauge mit 0,1 N HCl zurück. Die Titration wird dreimal durchgeführt und der Mittelwert als Berechnungsgrundlage genommen.

Berechnung: Die zurücktitrierte Menge zieht man von der Vorlage ab. Die Differenz wurde benötigt, um die Essigsäure zu neutralisieren.

Angabe: mg CH_3COOH/100 ml

3.1.3. Jodometrie

3.1.3.1. Herstellung einer 0,1 N Thiosulfatlösung

Man löst 25 g reines $Na_2S_2O_3 \cdot 5 H_2O$ in 1000 ml ausgekochtem, kaltem Wasser und fügt etwa 0,1 g Na_2CO_3 hinzu, um die Haltbarkeit der Lösung zu erhöhen. Mit dem Einstellen wartet man wenigstens 2 Tage, da die Lösung anfangs ihren Wirkungswert ändert.

Faktorbestimmung:
Die Einwaage von ca. 150 mg KJO_3 p. a. wird in 25 ml dest. Wasser gelöst, mit 2 g KJ und 5 ml 2 N HCl versetzt und unter dauerndem Umschwenken bis zur schwachen Gelbfärbung titriert. Nach Hinzufügen einiger ml Stärkelösung wird so lange titriert, bis die Lösung farblos ist.

Herstellen der Indikatorlösung:
1 g lösliche Stärke und 5 mg HgJ_2 werden mit wenig Wasser verrieben und in $^1/_2$ l kochendes dest. Wasser eingerührt. Danach wird aufgekocht, bis die Lösung klar ist. Nach dem Abkühlen muß die Stärkelösung in eine Schliffflasche gefüllt werden.

3.1.3.2. Jodometrische Bestimmung von Kaliumdichromat

Die im 100-ml-Meßkolben enthaltene Lösung bis zur Marke mit H_2O auffüllen, mischen und 25 ml davon in einen 750-ml-Erlenmeyer pipettieren und mit dest. H_2O verdünnen.

Zu dieser Lösung werden 4 g $KHCO_3$, 10 ml 50%ige H_2SO_4 und 2 g KJ zugesetzt.

Der Erlenmeyer wird einige Minuten im Dunkeln stehengelassen, danach werden nochmals 15 ml 50%ige H_2SO_4 zugegeben. Das ausgeschiedene Jod wird mit 0,1 N $Na_2S_2O_3$-Lösung bis gelblichgrün titriert.

Nach Hinzufügen einiger ml Stärkelösung wird so lange titriert, bis ein hellblaugrüner Umschlag erreicht ist.

Angabe: mg $K_2Cr_2O_7$/100 ml

3.1.3.3. Jodometrische Bestimmung von Kupfer

Die im 100-ml-Meßkolben erhaltene Lösung bis zur Marke mit H_2O auffüllen und mischen.

Davon 25 ml in einen 300-ml-Erlenmeyer pipettieren, 30 ml 10%ige KJ-Lösung (Meßzylinder) und 15 ml 10%ige H_2SO_4 zugeben. Das ausgeschiedene Jod *sofort* mit 0,1 N $Na_2S_2O_3$ titrieren. Gegen Ende der Titration 5 ml 0,5%ige Stärkelösung als Indikator zusetzen, dann bis zur Farblosigkeit weitertitrieren.

Angabe: mg Cu/100 ml

3.1.4. Manganometrie

3.1.4.1. Herstellung und Einstellung von 0,1 N KMnO₄-Lösung

Man löst 3,2 g $KMnO_4$ in einem 2-l-Erlenmeyer mit 1000 ml dest. H_2O und erhitzt etwa $^1/_2$ Std. bis nahe zum Sieden. Nachdem sich die Lösung abgekühlt hat, filtriert man durch eine Glasfritte und bewahrt die Lösung in einer braunen Schliffflasche auf.

Die $KMnO_4$-Lösung wird gegen Natriumoxalat als Urtitersubstanz eingestellt.

Man trocknet analysenreines Natriumoxalat bei 110 °C und wägt dann rasch 3 Proben in 300-ml-Erlenmeyer ein.

Die Proben werden mit 75 ml heißem dest. Wasser und mit 20 ml 20%iger H_2SO_4 versetzt. Diese Lösung wird bei $80-90$ °C unter dauerndem Umschütteln mit der einzustellenden $KMnO_4$-Lösung bis zur schwachen, bleibenden Rosafärbung titriert.

3.1.4.2. Bestimmung von Wasserstoffperoxid in einer Lösung

Die im 100-ml-Meßkolben erhaltene Lösung bis zur Marke mit H_2O auffüllen, mischen und 25 ml davon in einen 300-ml-Erlenmeyer pipettieren. Mit 100 ml H_2O verdünnen und 20 ml 20%ige H_2SO_4 zugeben.

Mit 0,1 N $KMnO_4$-Lösung unter ständigem Umrühren bis zur bleibenden, schwachen Rosafärbung titrieren.

Angabe: mg H_2O_2/100 ml

3.1.4.3. Bestimmung des Eisengehaltes in Mohrschem Salz

Die im 100-ml-Meßkolben erhaltene Lösung mit Wasser bis zur Marke auffüllen, mischen und 25 ml dieser Lösung in einen 300-ml-Erlenmeyer pipettieren. Mit 100 ml Wasser verdünnen, 20 ml 20%ige H_2SO_4 und 5 ml 25%ige H_3PO_4 zusetzen und mit 0,1 N $KMnO_4$ in der üblichen Weise titrieren.

Warum wird H_3PO_4 zugesetzt?

Angabe: mg Fe/100 ml

3.1.4.4. Bestimmung des Oxalsäuregehaltes einer Lösung

Den Meßkolbeninhalt bis zur Eichmarke mit dest. H_2O auffüllen, mischen, 25 ml davon in einen 300-ml-Erlenmeyerkolben pipettieren und 20 ml 20%ige H_2SO_4 zugeben. Diese Lösung auf $75-80$ °C erwärmen und in der Wärme mit 0,1 N KMnO$_4$ bis zur bleibenden, schwachen Rosafärbung titrieren.

Angabe: mg Oxalsäure/100 ml

3.1.4.5. Eisenbestimmung nach REINHARDT-ZIMMERMANN

25 ml der bis zur Eichmarke aufgefüllten und durchmischten Probelösung werden in einen 300-ml-Erlenmeyer pipettiert und mit 30 ml 5 N HCl versetzt. Die Lösung wird zum Sieden erhitzt und mit 10%iger SnCl$_2$-Lösung entfärbt.

Die SnCl$_2$-Lösung wird mittels eines Stechhebers tropfenweise zugesetzt. Mehr als ein Tropfen Überschuß ist zu vermeiden.

Lösung abkühlen und 10 ml 5%ige HgCl$_2$-Lösung in einem Schuß zugeben. Nach ca. 2 min spült man den Inhalt des Erlenmeyers in eine weiße Porzellanschale oder in ein 600-ml-Becherglas.

Das Titriergefäß enthält 400 ml H$_2$O und 30 ml REINHARDT-ZIMMERMANN-Lösung (siehe 6.1.2.2.).

Vor der Nullpunkteinstellung der Bürette wird die REINHARDT-ZIMMERMANN-Lösung mit der 0,1 N. KMnO$_4$-Lösung schwach rosa eingestellt (Blindwert!).

SnCl$_2$-Lösung: Das SnCl$_2$ in HCl (1:1) lösen.
Diese Lösung frisch verwenden und nicht offen stehenlassen.

Angabe: mg Fe/100 ml

3.1.5. Bromatometrie

3.1.5.1. Herstellung einer 0,1 N Kaliumbromatlösung

Man wiegt ca. 2,8 g reinstes, bei 150° getrocknetes KBrO$_3$ genau ab und bringt es in einen 1-l-Meßkolben, löst es in demineralisiertem Wasser und füllt bis zur Eichmarke auf.

Diese 0,1 N Lösung ist sehr stabil.

Der Faktor wird rechnerisch ermittelt.

3.1.5.2. Bromatometrische Antimonbestimmung

Der aliquote Teil der gegebenen Antimon-III-Lösung wird in einem Erlenmeyerkolben mit 10 ml konz. HCl, 25 ml Wasser und 2 Tropfen Methylorange versetzt.

Man erwärmt auf 60−70°C und titriert *langsam* mit 0,1 N KBrO$_3$-Lösung *unter stetem, raschem Umschwenken.* Gegen Ende der Umsetzung darf das Bromat nur tropfenweise zugesetzt werden, wobei man jedesmal 20 – 30 sec (!) wartet. Der Äquivalenzpunkt wird durch langsame, aber vollständige Entfärbung angezeigt.

Angabe: mg Sb/100 ml

3.1.6. Cerimetrie

Anstelle von KMnO$_4$-Lösung kann in den meisten Fällen auch Cer-IV-Lösung als oxydierende Maßflüssigkeit verwendet werden. Sie ist im Gegensatz zur KMnO$_4$-Lösung unverändert haltbar.

3.1.6.1. Herstellung von 0,1 N Ce(SO$_4$)$_2$-Lösung

20 g Ce(SO$_4$)$_2$ · 4 H$_2$O werden in 200 ml warmer 2 N H$_2$SO$_4$ gelöst, mit H$_2$O auf 500 ml verdünnt und nötigenfalls durch eine Glasfritte filtriert.

Etwa 0,15 g As$_2$O$_3$ p. a. werden genau abgewogen und in einem 250-ml-Erlenmeyer mit 1 g Na$_2$CO$_3$ und 15 ml H$_2$O in Lösung gebracht. Nach erfolgtem Abkühlen wird die Lösung mit H$_2$O auf ca. 80 ml verdünnt und mit 20 ml H$_2$SO$_4$ (1 : 3), 3 Tropfen OsO$_4$-Lösung (siehe 6.1.2.2.) als Katalysator sowie einem Tropfen Ferroinlösung versetzt. Sodann titriert man mit Cer-IV-Lösung bis zum Umschlag nach farblos oder schwach bläulich.

3.1.6.2. Wasserstoffperoxidbestimmung (vgl. 3.1.4.2.)

Die im Meßkolben erhaltene Probemenge füllt man mit H$_2$O bis zur Eichmarke auf und titriert je 25 ml dieser Lösung nach Zusatz von etwa 20 ml 20%iger H$_2$SO$_4$ und einem Tropfen Ferroin-Lösung mot 0,1 N Ce(SO$_4$)$_2$ bis zum Farbumschlag.

Angabe: mg H$_2$O$_2$/100 ml

3.1.7. Komplexometrie

3.1.7.1. Komplexometrische Magnesiumbestimmung

Die erhaltene Probelösung wird mit 0,1 N NaOH genau neutralisiert. Auf je 100 ml Lösung werden 3 ml Pufferlösung pH 10 und 3 Tropfen Eriochromschwarz T-Lösung gegeben.

Dann wird bei 50° mit 0,01 M Titriplex-III-Lösung bis zum Umschlag von rot nach blau titriert.

In der Nähe des Endpunktes muß langsam titriert werden.

Indikator Erio T: 0,2 g Eriochromschwarz T gelöst in 15 ml Triäthanolamin und 5 ml abs. Äthanol (14 Tage haltbar).

Pufferlösung pH 10: 70,0 g Ammonchlorid in 570 ml konz. Ammoniak lösen und mit dest. H_2O auf 1000 ml auffüllen.

Angabe: mg Mg/100 ml

3.1.7.2. Bestimmung der Gesamthärte des Wassers

100 ml des zu prüfenden Leitungswassers werden 3 ml Pufferlösung pH 10 und 3 Tropfen Erio T zugesetzt und sofort bis zum Farbumschlag von rot nach blau mit 0,01 M Titriplex-III-Lösung titriert.

Berechnung: Erfaßt werden Ca^{++} und Mg^{++}

$$1 \text{ ml } 0,01784 \text{ M Titriplex-III-Lösung} \triangleq 1° \text{ dH}$$

3.2. Gravimetrie

3.2.1. Einzelbestimmungen

3.2.1.1. Nickel als Nickeldiacetyldioxim

Die im 100-ml-Meßkolben befindliche Lösung mit dest. H_2O bis zur Marke auffüllen und gut durchmischen. 25 ml davon in ein 400-ml-Becherglas pipettieren, 3 ml 10%ige HCl zusetzen und mit 150 ml dest. H_2O verdünnen. Zum schwachen Sieden erhitzen. Gasflamme löschen und den Inhalt des Becherglases mit 25 ml 1%iger methanolischer Diacetyldioximlösung versetzen. Danach langsam 10%iges Ammoniakwasser zutropfen (bis zu schwachem Ammoniakgeruch). Fällung 1 Std. stehenlassen.

Der Niederschlag wird in einem bei 130°C getrockneten, bei Raumtemperatur austarierten Glasfiltertiegel G3 gesammelt und so lange mit heißem, destilliertem Wasser nachgewaschen, bis das Filtrat farblos ist.

Der Niederschlag wird bei 130°C im Trockenschrank getrocknet, im Exsikkator erkalten lassen, ausgewogen und die Nickelmenge pro 100 ml Lösung berechnet.

Nickeldiacetyldioxim: $(C_4H_7O_2N_2)_2Ni$

Angabe: mg Ni/100 ml

3.2.1.2. Magnesium als Magnesiumoxinat

Die erhaltene Probelösung wird bis zur Eichmarke mit H_2O aufgefüllt, 50 ml davon pipettiert man in ein Becherglas und versetzt sie mit 4 g

Ammonchlorid und 10 ml konzentrierter Ammoniaklösung. Man erwärmt auf 60−70 °C und fällt durch langsames Zutropfen der 5%igen
alkoholischen 8-Oxychinolin-Lösung.

Die Lösung wird zum Sieden erhitzt und nach 1 Std. durch eine Glasfritte filtriert und mit heißem Wasser gewaschen. Der Niederschlag wird
bei 130−140 °C getrocknet, wobei auch das Kristallwasser ausgetrieben
wird.

Angabe: mg Mg/100 ml

3.2.1.3. Zink als Zinkdiphosphat

Zur Probelösung werden in einem Becherglas 5 g NH_4Cl und wenige
Tropfen Phenolphthaleinlösung hinzugefügt, sodann neutralisiert man
mit Ammoniaklösung bis zur schwachen Rosafärbung.

Man erhitzt zum Sieden und fällt tropfenweise unter Rühren mit 30 ml
10%iger Diammoniumhydrogenphosphatlösung. Das Fällungsreagenz
wird vorher mit Ammoniaklösung gegen Phenolphthalein neutralisiert.

Den Niederschlag läßt man zur Kristallbildung 2 Std. auf dem Wasserbad stehen. Nach dem Abkühlen filtriert man durch ein mittleres Filter
und wäscht den Niederschlag mit 1%iger Diammoniumhydrogenphosphatlösung und kaltem Wasser.

Man trocknet, verascht das Filter auf kleiner Flamme und glüht es bei
900−1000 °C.

Angabe: mg Zn/100 ml

3.2.1.4. Eisen als Fe_2O_3

Die im 100-ml-Meßkolben erhaltene Probelösung wird − zur Verhinderung der Hydrolyse − mit 10%iger HCl versetzt und dann mit dest.
H_2O zur Eichmarke aufgefüllt. Kolbeninhalt gut mischen und 25 ml in
ein 400-ml-Becherglas pipettieren, mit 2−3 ml konz. HNO_3 p. a. versetzen, das Becherglas mit einem Uhrglas abdecken und etwa 5 min zum Sieden erhitzen. Dann mit 150 ml H_2O verdünnen, etwa 2 g Ammonchlorid
hinzufügen und nochmals sieden lassen.

Das Becherglas wird vom Brenner genommen und die Analysenlösung
unter ständigem Rühren tropfenweise mit 5%igem Ammoniakwasser p. a.
(kieselsäurefrei) versetzt, bis schwacher Ammoniakgeruch wahrgenommen
wird.

Das entstandene Eisenoxyhydrat absetzen lassen, die überstehende Flüssigkeit an einem Glasstab entlang auf ein Weißbandfilter bringen, anschlie-

ßend mit wenig Wasser den Rückstand. Mit heißem, destilliertem Wasser bis zur Chloridfreiheit nachwaschen.

Das Filter wird zusammengefaltet und mit der·Spitze nach oben in einen bei 600 °C geglühten und danach austarierten Porzellantiegel gelegt. Das Filter wird auf kleiner Flamme getrocknet, verascht und 20 min bei 600° geglüht.

Angabe: mg Fe/100 ml

3.2.1.5. Mangan als Mangandiphosphat

Die im Meßkolben enthaltene Lösung wird mit dest. H_2O bis zur Eichmarke aufgefüllt, durchmischt, 25 ml davon werden in ein 400-ml-Becherglas pipettiert und mit 150 ml H_2O verdünnt. Die Lösung wird mit 10 ml 2 N HCl und 10 g NH_4Cl versetzt, welches man sorgfältig löst, dann werden 15 ml 10 %iger Diammonhydrogenphosphatlösung zugegeben und die Lösung wird zum Sieden erhitzt. Flamme löschen, einige Tropfen Methylrot zugegeben und dann tropfenweise Ammoniaklösung zusetzen, bis der Indikator schwach gelb gefärbt ist. 45 min bei kleiner Flamme abkühlen, durch ein Weißbandfilter filtrieren, erst mit Diammonhydrogenphosphat/Wasser 1 : 20, dann mit wenig dest. H_2O auswaschen.

Filter trocknen und veraschen, bei 1000 °C glühen, in der üblichen Weise auswiegen und berechnen.

Angabe: mg Mn/100 ml

3.2.1.6. Kupfer als Kupferrhodanid

25 ml der bis zur Eichmarke aufgefüllten und durchmischten Probelösung werden in ein 400-ml-Becherglas pipettiert, mit H_2O verdünnt und dann mit frischer schwefliger Säure versetzt (warum?). Tropfenweise und unter ständigem Rühren wird 5 %ige Ammonrhodanid-Lösung zugesetzt. Der Niederschlag wird erst grün, dann gelb, zuletzt weiß, er wird nach dem Absetzen in einem Porzellanfiltertiegel gesammelt, mit SO_2-haltigem Wasser gewaschen und bei 130 – 140 °C getrocknet.

Angabe: mg Cu/100 ml

3.2.1.7. Bestimmung von Chrom als Trioxid

Einen aliquoten Teil der bis zur Eichmarke aufgefüllten und gemischten Probelösung in ein 400-ml-Becherglas pipettieren, 5 ml 10 %ige HCl und 20 ml Alkohol zugeben und auf kleiner Flamme erwärmen. Die Lösung muß eine rein grüne Farbe annehmen.

Mit 150 ml H_2O verdünnen und in der Wärme mit einem geringen Überschuß an 10%igem NH_4OH fällen. Abkühlen, durch ein Weißband-filter filtrieren, Filter·trocknen, veraschen und bei 1000°C im Tiegelofen glühen.

Angabe: mg Cr/100 ml

3.2.1.8. Kobalt als Kobaltdiphosphat

25 ml der bis zur Eichmarke aufgefüllten und gemischten Probelösung werden in ein 400-ml-Becherglas pipettiert, zur Verhinderung der Hydro-lyse mit 3 ml 10%iger HCl versetzt und mit 150 ml H_2O verdünnt. Es werden 5 g Ammonchlorid zugegeben (warum?), die Lösung wird zum Sieden gebracht, die Flamme gelöscht und nach dem Abkühlen auf ca. 80°C mit 3 Tropfen Methylrot und verd. NH_4OH versetzt, so daß sich der Indikator schwach gelb färbt.

Nun wird mit ca. 15 ml 10%iger Diammonhydrogenphosphatlösung tropfenweise gefällt und der entstehende Niederschlag ca. 1 Std. bei 80°C belassen.

Die Kristalle werden auf einem Weißbandfilter gesammelt und mit di-ammonhydrogenphosphathaltigem Wasser gewaschen. Das Filter wird getrocknet, verascht und bei 1000°C geglüht.

Angabe: mg Co/100 ml

3.2.1.9. Barium als Bariumchromat

Einen aliquoten Teil der in üblicher Weise vorbereiteten Probelösung in ein 400-ml-Becherglas pipettieren, mit 1 ml Eisessig, ca. 2 g Natrium-acetat und 150 ml Wasser versetzen, kochen und in die siedende Lösung 10%ige heiße Ammonchromatlösung eintropfen. Das Abkühlen nach vollendeter Fällung mit kleiner Flamme verzögern. Nach dem Erkalten durch ein Weißbandfilter filtrieren, mit ammonchromathaltigem und mit wenig dest. H_2O (40°C) nachwaschen. Filter trocknen, veraschen und bei 600°C glühen.

Angabe: mg Ba/100 ml

3.2.1.10. Aluminium als Oxinat

Einen aliquoten Teil der Probelösung in ein 400-ml-Becherglas pipettie-ren, mit 2–3 ml 10%iger HCl versetzen (warum?) und mit 150 ml H_2O verdünnen. Die Lösung auf 100°C erwärmen und mit 15 ml 5%iger 8-Oxychinolinlösung versetzen, dann die Flamme löschen und unter Rühren tropfenweise 30 ml 15%ige Ammonacetatlösung zusetzen. Hierbei bildet sich das Al-8-Oxychinolin. Zur Vervollständigung der Fällung 10 ml 15%ige Ammonacetatlösung zufügen.

Man läßt den Niederschlag 15 Minuten in der Wärme absitzen, bringt ihn in einen Glasfiltertiegel G3, wäscht mit Wasser und trocknet bei 130 °C.

Angabe: mg Al/100 ml

3.2.1.11. Wismut als Wismutphosphat

Die im Meßkolben erhaltene Probelösung wird mit 20 ml konz. Salpetersäure versetzt (warum?), bis zur Eichmarke mit destilliertem Wasser aufgefüllt und gemischt. Ein aliquoter Teil wird in ein 400-ml-Becherglas pipettiert und mit 150 ml H_2O verdünnt. Eine etwa auftretende Trübung entfernt man durch Zugabe von konz. HNO_3.

Die Lösung kochen und während des Siedens 5 Tropfen 25%ige H_3PO_4 zugeben, dann mit heißer 10%iger Natriumphosphatlösung unter Rühren fällen. Noch einige Zeit sieden, dann abkühlen lassen und durch ein Blaubandfilter filtrieren. Erst mit verd. $HNO_3 + 1\% NH_4NO_3$, dann mit wenig heißem Wasser nachwaschen.

Filter trocknen, veraschen und bei 850 °C glühen.

Angabe: mg Bi/100 ml

3.2.1.12. Chlor als Silberchlorid

Die erhaltene Probelösung wird mit dest. H_2O bis zur Eichmarke aufgefüllt, 100 ml davon werden in ein Becherglas pipettiert und mit 1 ml konz. HNO_3 angesäuert. In der Kälte wird durch Zutropfen von 2%iger Silbernitratlösung das Chlorid ausgefällt.

Setzt sich der Niederschlag flockig ab, so ist die Fällung beendet und die Vollständigkeit der Reaktion wird überprüft.

Nun erhitzt man unter Umrühren bis ca. 90 °C und läßt im Dunkeln abkühlen. Der Niederschlag wird auf einer Glasfritte gesammelt, erst mit salpetersaurem Wasser (200 ml $H_2O + 0,5$ ml konz. HNO_3), dann mit reinem Wasser und Alkohol gewaschen.

Der Niederschlag wird bei 120 – 130 °C getrocknet, im Exsikkator (im Dunkeln) abgekühlt und ausgewogen.

Angabe: mg Cl/100 ml

3.2.1.13. Sulfat als Bariumsulfat

0,10 − 0,15 g des erhaltenen Salzes werden genau eingewogen und in 100 − 300 ml dest. Wasser gelöst. Die Lösung wird mit Salzsäure gegen Methylorange neutralisiert und zusätzlich mit 1 ml konz. HCl versetzt.

In der Siedehitze tropft man dann unter Umrühren heiße 10%ige Bariumchloridlösung zu, läßt absitzen und prüft auf Vollständigkeit der Fällung. Es darf keine Trübung entstehen.

Den Niederschlag läßt man 1 − 2 Std. in der Hitze stehen, filtriert dann heiß durch ein hartes Filter und wäscht mit heißem Wasser chloridfrei.

Das Filter wird in einem Porzellantiegel getrocknet, verascht und bei 500 − 600 °C geglüht.

Angabe in % SO_4

3.2.1.14. Bestimmung von Phosphat als Magnesiumdiphosphat

Einen aliquoten Teil der Probelösung in ein 400-ml-Becherglas pipettieren und mit 150 ml dest. H_2O verdünnen.

25 ml Magnesia-Mixtur (siehe 6.1.2.2.) und 5 g Ammonacetat zugeben. Dann die Lösung zum Sieden erhitzen. 3 Tropfen Phenolphthalein zugeben und mit 5%iger Ammoniaklösung tropfenweise, bis zur Trübung, versetzen. Mit dem Glasstab rühren, bis der Niederschlag kristallin wird. Dann 5%ige Ammoniaklösung bis zur deutlich alkalischen Reaktion zusetzen. Abkühlen lassen und 20 ml konz. Ammoniaklösung zugeben, 2 Std. stehenlassen, dann durch ein Blaubandfilter filtrieren, mit ammoniakhaltigem Wasser waschen. Filter veraschen und 30 Minuten bei 1000 °C glühen.

Angabe: mg PO_4/100 ml

3.2.2. Trennungen

3.2.2.1. Trennung von Calcium und Magnesium

Die neutrale Lösung wird angesäuert und das vorhandene CO_2 verkocht. Nun gibt man 2 − 3 g NH_4Cl zur Lösung und stellt ammoniakalisch.

Zur 80 °C (nicht höher) warmen Lösung gibt man unter Umrühren wenige Tropfen 2%ige Ammoniumoxalatlösung. Nach dem Kristallinwerden des Niederschlages fügt man das restliche Fällungsreagenz zu. Man läßt den Niederschlag 4 − 6 Std. stehen, gießt die klare Lösung durch eine Glasfritte, bringt den Rückstand mit 0,25%iger Ammonoxalatlösung auf die Fritte und wäscht mit nicht mehr als 50 ml eiskaltem Wasser nach. Der Rückstand wird bei 100 °C getrocknet.

Auswaage: $CaC_2O_4 \cdot H_2O$

Filtrat und Waschwasser säuert man mit HCl an und engt auf etwa 200 ml ein, versetzt mit 2 g NH_4Cl, 20 ml 10%iger Diammoniumhydrogenphosphatlösung und einigen Tropfen Phenolphthaleinlösung. Die Lösung wird zum Sieden erhitzt, vom Brenner genommen und unter Umrühren langsam mit 1 N Ammoniakwasser versetzt, bis eine Trübung auftritt. Man rührt, bis der Niederschlag kristallin wird, dann wird bis zur Rotfärbung Ammoniak zugefügt.

Nach dem Abkühlen werden 50 ml konz. Ammoniaklösung zugesetzt und 2 – 4 Std. belassen. Danach wird der Niederschlag durch ein hartes Filter filtriert und mit wenig 1 N Ammoniakwasser, welches 2% Ammonnitrat enthält, bis zur Chloridfreiheit gewaschen. Das Filter wird bei kleiner Flamme verascht und bei 1000 – 1100 °C geglüht.

Auswaage: $Mg_2P_2O_7$
Angaben: mg Ca/100 ml
       mg Mg/100 ml

3.2.2.2. Trennung von Nickel und Eisen

Zu der im Meßkolben befindlichen Probe gibt man 5 ml HCl (zur Verhinderung der Hydrolyse), füllt dann mit H_2O bis zur Eichmarke auf, mischt durch und pipettiert von dieser Lösung 25 ml in ein 400-ml-Becherglas, gibt 2 – 3 ml konz. HNO_3 zu, verdünnt mit H_2O und läßt nach Zugabe von 2 g Ammonchlorid 5 Minuten sieden.

Dann fällt man tropfenweise mit verdünntem Ammoniakwasser $Fe(OH)_3$ aus.

Der Niederschlag wird auf einem Weißbandfilter gesammelt und mit heißem Wasser nachgewaschen.

Rückstand: $Fe(OH)_3$ und eingeschlossenes Nickel-Salz
Filtrat: Nickelsalz in Lösung

Nun wird die Vorlage gewechselt und das Eisenhydroxid mit heißer 10%iger HCl vom Filter gelöst. Filter mit heißem dest. H_2O nachwaschen.

Die erhaltene Lösung wird erhitzt, erneut mit Ammoniakwasser gefällt, filtriert, das Filter getrocknet, verascht und bei 600 °C geglüht: Fe_2O_3.

Die beiden Filtrate werden bis auf 200 ml eingeengt und Nickel analog 3.2.1.1. gefällt und aufgearbeitet: Nickeldiacetyldioxim.

Angaben: mg Ni/100 ml
       mg Fe/100 ml

3.2.2.3. Trennung Kupfer-Eisen-Zink

Einen aliquoten Teil der Probe versetzt man mit Salzsäure bis zur deutlich sauren Reaktion, erwärmt auf ca. 60° und fällt das Kupfer mit

Schwefelwasserstoff aus. Der Niederschlag wird auf einem Weißbandfilter gesammelt, gut mit heißem Wasser gewaschen, verascht und über der Brennerflamme geglüht.

Wägeform: CuO

Das Filtrat wird auf vollständige Fällung geprüft, sodann wird der Schwefelwasserstoff verkocht und das Eisen mit Ammoniakwasser gefällt.

Dieser Eisenoxidhydrat-Niederschlag adsorbiert einen Teil des Zinks. Deshalb wird abfiltriert, der Rückstand in HCl gelöst und erneut mit Ammoniakwasser gefällt.

Es empfiehlt sich, diese Umfällung mindestens zweimal durchzuführen.

Das auf dem Filter gesammelte Eisenoxidhydrat wird entweder wie in 3.2.1.4. behandelt, oder in HCl gelöst und nach REINHARDT-ZIMMERMANN (3.1.4.5.) titriert.

Das in den vereinigten Filtraten enthaltene Zink wird nun, wie in 3.2.1.3. beschrieben, als Diphosphat bestimmt, oder nach Zusatz von Eriochromschwarz T mit Titriplex-III von violett nach tiefblau titriert.

Angaben: mg Cu/100 ml
   mg Fe/100 ml
   mg Zn/100 ml

4. Präparatives Praktikum

4.1. Anorganische Präparate

4.1.1. Darstellung von Carbonatotetramminkobalt-(III)-nitrat-hemihydrat

$Co[CO_3(NH_3)_4]NO_3 \cdot \frac{1}{2}H_2O$

Ansatz: I 50 g Ammoncarbonat in 250 ml H_2O und 125 ml konz. Ammoniakwasser

II 25 g Kobaltnitrat in 50 ml H_2O

Durchführung:

I wird mit II versetzt. Durch die tiefviolette Flüssigkeit wird ca. 3 Std. ein nicht zu schneller Luftstrom mit der Wasserstrahlpumpe gesaugt. Dabei schlägt die Farbe allmählich nach blutrot um. Man engt auf ca. 150 ml ein, wobei alle 15 min 2,5 g Ammoncarbonat (insgesamt 15 g) zugesetzt werden. Das Rohprodukt wird filtriert und unter Zugabe von weiteren 5 g Ammoncarbonat auf 100 ml eingeengt. Die entstehenden purpurfarbenen Kristalle werden nach dem Erkalten abgesaugt, erst mit Wasser, dann mit verd. und schließlich mit reinem Alkohol gewaschen und bei 100°C getrocknet.

Ausbeute: Ca. 10 g

Bei allen Präparaten ist die Ausbeute in% der Theorie und die Literaturausbeute anzugeben.

Dazu ist es notwendig, die Reaktionsgleichung und die molaren Mengen der reagierenden Stoffe zu kennen.

4.1.2. Reinigung und Trennung der beiden Salze im Dolomit ($CaCO_3 \cdot MgCO_3$)

80 g Dolomit ($CaCO_3 \cdot MgCO_3$) werden in einem offenen Rührwerk mit 200 ml H_2O gerührt und langsam mit 300 ml 25%iger HCl versetzt (Tropftrichter).

Danach werden 5 ml konz. HNO_3 zugegeben. Die Flüssigkeit wird abdekantiert, mit Ammoniak neutralisiert, aufgekocht und abfiltriert. Das Filtrat wird in einer geschlossenen Rührapparatur auf 80°C erwärmt und langsam mit 150 ml 30%iger H_2SO_4 versetzt. Nach der Zugabe wird 5 min unter Rückfluß gekocht. Der Kolbeninhalt wird abgesaugt.

Rückstand: $CaSO_4 \cdot 2H_2O$, trocknen.

Das Filtrat wird im geschlossenen Rührwerk mit 60 g Diammoniumhydrogenphosphat, gelöst in 130 ml H_2O, versetzt. Das Reaktionsgemisch wird durch Zugabe von Ammoniak auf pH 8 gestellt. Nachrühren, absaugen. Rückstand: $MgNH_4PO_4$, trocknen.

4.1.3. Darstellung von Natriumthiosulfat

3 g feingepulverter Schwefel werden mit wenig Äthanol angeteigt und in eine Lösung von 24 g $Na_2SO_3 \cdot H_2O$ in 150 ml H_2O, die sich in einem Schliffkolben befindet, eingetragen. Man kocht die Lösung so lange, bis fast der gesamte Schwefel in Lösung gegangen ist. Man filtriert von ungelöstem Schwefel ab, läßt $Na_2S_2O_3 \cdot 5\,H_2O$ durch vorsichtiges Eindampfen der Lösung und Stehenlassen auskristallisieren.

4.2. Organische Präparate

4.2.1. Darstellung von Acet-p-toluidid

Ansatz I 0,0835 mol = 5   g Eisessig
      II 0,092 mol = 9,85 g p-Toluidin

Durchführung:
I und II werden in einem 100-ml-Kolben mit Rückflußkühler gemischt, 30 min auf 60 °C und danach 45 min auf 200 °C erhitzt. Das beim Abkühlen erstarrende Produkt wird dreimal mit je 30 ml verd. Salzsäure gründlich verrührt, abgesaugt, zweimal mit je 30 ml verd. NaOH behandelt und anschließend neutral gewaschen.

Das Rohprodukt wird zweimal aus Alkohol/Wasser umkristallisiert.
Ausbeute: Rohprodukt feucht ca. 6,5 g
         nach Kristallisieren ca. 4,0 g
Fp. 110 °C
Unfallschutz: Schutzbrille, im Abzug arbeiten.

4.2.2. Darstellung von Benzolsulfanilid

Ansatz: I 0,0537 mol = 5   g Anilin
      II 0,0537 mol = 9,48 g Benzolsulfochlorid

Durchführung:
I wird in einem 100-ml-Rundkolben mit 50 ml verd. NaOH suspendiert. Unter Schütteln wird jeweils nach Abklingen der schwachen Wärmetönung II portionsweise zugegeben. Anschließend wird auf dem Wasserbad noch 20 min auf 60 °C erwärmt, bis der Sulfochloridgeruch verschwunden ist. Das Reaktionsprodukt wird abgekühlt, in einen Erlenmeyer überführt

und so lange mit verd. HCl angesäuert (ca. 60 ml), bis kein Sulfonamid mehr ausfällt.

Absaugen, mit Wasser waschen und aus Alkohol/Wasser umkristallisieren.

Ausbeute: 80% d. Th.

Fp. 110 °C

Unfallschutz: Schutzbrille, Abzug.

4.2.3. Darstellung von p-Dimethylamino-benzaldehyd-semicarbazon

Ansatz: I 0,0268 mol = 4 g p-Dimethylaminobenzaldehyd
II 0,0403 mol = 3,02 g Semicarbazid als 3 M Lösung
III 0,0536 mol = 4,9 g Na-acetat als 4 M Lösung

Durchführung:

I, II und III werden in einem 100-ml-Rundkolben mit Rückflußkühler gemischt und 30 min im siedenden Wasserbad erwärmt. Das Reaktionsprodukt wird auf 0 °C abgekühlt, abgesaugt, aus Alkohol umkristallisiert und getrocknet.

Ausbeute: 78% d. Th.

Fp. 222 °C

Unfallschutz: Schutzbrille.

4.2.4. Darstellung von Nitrobenzol (Nitrierung)

Ansatz: I 1,5 mol = 100 ml konz. Salpetersäure (ϱ = 1,41 g/ml)
II 120 ml konz. Schwefelsäure
III 1,0 mol = 78 g Benzol

Durchführung:

I wird in einem 300-ml-Erlenmeyer vorgelegt und langsam unter Kühlung und ständigem Umschütteln mit II versetzt. Die so erhaltene Nitriersäure wird auf + 10° gekühlt und aus einem Tropftrichter langsam unter raschem Rühren zu III, welches sich in einem 500-ml-Dreihalskolben mit Rührer und Innenthermometer befindet, zugetropft, wobei man die Temperatur auf 5 bis 10 °C hält (Eisbad). Nach beendeter Zugabe läßt man 2,5 Std. bei Raumtemperatur nachrühren, gießt das Reaktionsgemisch vorsichtig auf 2 l Eiswasser, trennt das ausfallende Öl im Scheidetrichter ab und schüttelt die wäßrige Phase einmal mit 200 ml Äther aus. Öl und Ätherphase werden vereinigt, erst mit Wasser, dann mit 10%iger NaHCO$_3$-Lösung bis zur Neutralität geschüttelt, nochmals mit Wasser gewaschen, über Calciumchlorid getrocknet, abfiltriert und wie folgt destilliert: Aus einem Tropftrichter läßt man die Ätherlösung langsam in den Destillier-kolben eintropfen und destilliert unter Normaldruck auf einem Wasser-bad den Äther ab (Abzug, keine Flamme, Siedesteine). Ist der Äther ab-destilliert, wird eine Kapillare eingesetzt, der Tropftrichter entfernt und das Nitrobenzol unter Wasserstrahlvakuum überdestilliert.

Ausbeute: 80% d. Th.

Kp_{20} 99 °C

n_D^{20} 1,5532

Unfallschutz: Schutzbrille, Gummihandschuhe − Benzol und Nitrobenzol sind gleichermaßen gefährlich und werden auch durch die Haut in den Körper aufgenommen.

4.2.5. Darstellung von Anilin (Reduktion)

Ansatz: I   0,1 mol = 12,3 g   Nitrobenzol

       II   36,9 g   Zinn, granuliert

      III   200 ml halbkonzentrierte Salzsäure

Durchführung:

I und II werden in einem 500-ml-Dreihalskolben mit Rührer, Innen-thermometer, Tropftrichter, Rückflußkühler und Abgasleitung vorgelegt. Dazu gibt man durch den Tropftrichter langsam unter Rühren III. Nach beendeter Zugabe rührt man 1 Std. unter Rückfluß, kühlt ab, dekantiert vom ungelösten Metall in einen 500-ml-Erlenmeyer, verdünnt mit 125 ml Wasser und äthert dann die unerwünschten Nebenprodukte bzw. nicht umgesetztes Ausgangsmaterial aus.

Die wäßrige Phase gießt man schnell in überschüssige Natronlauge, treibt das Anilin mit Wasserdampf über (Wasserdampfdestillationsappa-ratur), äthert das Destillat aus, trocknet mit Ätzkali, filtriert, destilliert den Äther in der gewohnten Weise ab und unterwirft den verbleibenden Kolbeninhalt einer Vakuumdestillation.

Kp_{10} 69 °C

n_D^{20} 1,5863

Unfallschutz: Schutzbrille, über Anilin gilt sinngemäß das gleiche wie bei Nitrobenzol.

4.2.6. Darstellung von 3-Brom-nitro-benzol (Bromierung)

Ansatz: I 0,6 mol = 73,8 g Nitrobenzol

        II + II a   = je 4 g Eisenpulver

      III + III a je 0,35 mol = je 18 ml Brom

Durchführung:

I + II werden in einem 250-ml-Dreihalskolben mit Rührer, Innenthermometer, Tropftrichter, Rückflußkühler und Abgasleitung auf 145 bis
150 °C erhitzt. Bei dieser Temperatur wird unter heftigem Rühren III aus
dem Tropftrichter knapp über der Flüssigkeitsoberfläche so schnell zugesetzt, daß möglichst wenig Brom entweicht. Eventuell muß das Heiz-
bad entfernt werden. Nach beendeter Zugabe wird 1 Std. bei 145−150 °C
nachgerührt und dann in der gleichen Weise erst II a, dann III a zugesetzt.
Nach zweistündigem Rühren bei 150° treibt man das Reaktionsprodukt
mit Wasserdampf über (Wasserdampfdestillationsapparatur), wobei man
mindestens 2 l Destillat auffängt. Dieses Destillat wird mit Dichlormethan
ausgeschüttelt, die organische Phase erst mit 10%iger NaOH, dann mit
Wasser gewaschen und durch Destillation vom Lösungsmittel befreit. Der
Rückstand wird durch Vakuumdestillation gereinigt oder, falls fest, mit
verd. Alkohol umkristallisiert.

Ausbeute: 60% d. Th.

Kp_{18} 138 °C

Fp. 56 °C

Unfallschutz: Schutzbrille, Gummihandschuhe − Brom ist ein sehr stark
ätzendes Atemgift.

Abzug!

4.2.7. Darstellung von p-Aminobenzolsulfosäure (Sulfonierung)

Ansatz: I 2   mol = 200 g 98%ige Schwefelsäure
         II 0,66 mol =   62 g Anilin

Durchführung:

In einen 500-ml-Dreihalskolben mit Rührer, Thermometer, Rückflußkühler und Tropftrichter wird I eingegeben. Dazu tropft man langsam
unter Rühren II und erwärmt anschließend auf 180−190 °C.

Nach 3 Std. wird die Lösung auf 130 °C abgekühlt und in 300 ml Wasser
eingerührt (1-l-Becherglas).

In die entstandene Suspension werden 200 g Eis eingetragen, der Niederschlag wird abgesaugt, mit wenig Wasser gewaschen und aus Wasser umkristallisiert.

Unfallschutz: Schutzbrille, Gummihandschuhe.

4.2.8. Darstellung von Orange II (Diazotierung und Kupplung)

2-Hydroxy-naphthylazo-(1)-benzol-4′-sulfosäure − Natriumsalz

Ansatz: I 0,10 mol Sulfanilsäure in 100 ml H_2O suspendiert

II 0,11 mol NaNO$_2$ gelöst in 30 ml H$_2$O

III 0,11 mol β-Naphthol gelöst in 0,22 mol 2 N NaOH

Durchführung:

I wird durch Zugabe von wenig Soda schwach alkalisch gestellt, in einem offenen Rührwerk (400-ml-Becherglas) unter Rühren mit 100 g feinem Eis und mit II versetzt. Bei 0 – 5 °C gibt man rasch 25 ml konz. HCl zu und rührt $^1/_2$ Std. nach, überprüft mit Kaliumjodidstärkepapier, ob Nitritüberschuß vorhanden ist, und nimmt diesen mit wenig Harnstoff weg.

Diese Diazolösung tropft man langsam unter Rühren bei 5 – 10 °C in III ein, überprüft die Alkalität und gibt gegebenenfalls noch etwas NaOH zu. Man rührt 3 Std. bei Raumtemperatur nach, nutscht ab, wäscht mit wenig Eiswasser, trocknet den Rückstand bei 50 °C im Trockenschrank und bestimmt die Ausbeute.

Ausbeute: 80% d. Th.

Unfallschutz: Schutzbrille, Abzug.

4.2.9. Darstellung von p-Chlor-toluol (SANDMEYER-Reaktion)

Ansatz: I 0,10 mol Kupfersulfat in 80 ml H$_2$O

II 0,15 mol Natriumchlorid

III 0,05 mol Na$_2$SO$_3$ in 20 ml H$_2$O

IV 0,075 mol p-Toluidin

V 0,20 mol halbkonz. Salzsäure

VI 0,08 mol NaNO$_2$ gelöst in 30 ml H$_2$O

Durchführung:

I wird in einem 500-ml-Dreihalskolben mit Rückflußkühler, Rührer, Thermometer mit II versetzt. Zu dieser Lösung gibt man langsam unter Rühren III. Man läßt abkühlen, wäscht den Niederschlag durch Dekantieren mit Wasser, löst in 40 ml konz. Salzsäure und verschließt das Gefäß gut, da das Kupfersalz luftempfindlich ist.

In einem gekühlten 200-ml-Becherglas mit Rührer, Thermometer und Tropftrichter löst man unter Rühren IV in V und diazotiert bei 5 °C durch Eintropfen von VI. Nach $^1/_2$ Std. Nachrühren nimmt man das überschüssige Nitrit (Kaliumjodidstärkepapier färbt sich blau) durch Zugabe von wenig Harnstoff weg und tropft die so erhaltene Diazolösung unter Rühren langsam bei 0 °C in die Kupfersalzlösung ein. Danach erwärmt man im siedenden Wasserbad.

Nach beendeter Gasentwicklung wird das Reaktionsprodukt mit Wasserdampf übergetrieben. Das Destillat wird ausgeäthert, der Ätherextrakt

mit 2 N NaOH und dann mit H_2O gewaschen, über Natriumsulfat getrocknet, abfiltriert und wie üblich destilliert.
Ausbeute: 80% d. Th.
Kp_{10} 44 °C
Unfallschutz: Schutzbrille, Abzug.

4.2.10. Darstellung von Acetophenon (FRIEDEL-CRAFTS-Reaktion)

Ansatz: I 200 ml 1,2-Dichloräthan
II 0,600 mol $AlCl_3$ (wasserfrei)
III 0,502 mol Acetylchlorid
IV 0,500 mol Benzol

Durchführung:
In einem 500-ml-Dreihalskolben mit Rührer, Tropftrichter, Innenthermometer und Rückflußkühler mit Calciumchloridrohr und Abgasleitung wird I langsam mit II versetzt und unter Rühren und Eiswasserkühlung III zugetropft. IV wird anschließend bei 20 °C zugetropft, dann wird noch 1 Std. gerührt und über Nacht stehengelassen.
Der Kolbeninhalt wird vorsichtig auf 250 ml Eiswasser gegeben und zersetzt. Eventuell ausfallendes $Al(OH)_3$ geht mit konz. HCl in Lösung. Die organische Schicht wird im Scheidetrichter abgetrennt und die wäßrige Phase zweimal mit Dichloräthan extrahiert. Die vereinigten Extrakte werden mit H_2O, 2%iger NaOH und wieder mit H_2O gewaschen. Nach dem Trocknen über K_2CO_3 destilliert man das Lösungsmittel ab und fraktioniert anschließend im Vakuum.
Ausbeute: 70% d. Th.
Kp_{20} 94 °C
Fp. 20 °C
Unfallschutz: Schutzbrille, Abgasleitung wegen starker HCl-Entwicklung, Abzug.

4.2.11. Darstellung von Äthylphenylcarbinol (GRIGNARD-Reaktion)

Ansatz: I 0,25 mol = Magnesiumspäne
II = 50 ml abs. Äther
III 0,25 mol = Äthylbromid
IV = 60 ml abs. Äther
V 0,20 mol = Benzaldehyd

Durchführung:
In einem 500-ml-Dreihalskolben mit Tropftrichter, Rührer, Rückflußkühler mit Calciumchloridrohr werden I und II vorgelegt und mit $^1/_{20}$ von

III unter Rühren versetzt. Das Anspringen der Reaktion bemerkt man durch eine leichte Trübung und Erwärmung des Äthers. Nach dem Anspringen wird der Rest von III gelöst in IV zugetropft, so daß der Äther gelinde siedet (evtl. mit heißem Wasser etwas erwärmen). Es wird so lange gerührt, bis alles Magnesium gelöst ist (ca. 30 min).

In die so erhaltene Grignard-Reagenzlösung tropft man langsam V, gelöst in 25 ml abs. Äther. Nach beendeter Zugabe erhitzt man unter Rühren noch 2 Std. am Rückfluß (keine Flamme!), kühlt ab, hydrolysiert durch Zugabe von 25 g zerstoßenem Eis und gibt anschließend unter Rühren soviel halbkonz. HCl zu, daß sich der entstandene Niederschlag gerade löst. Die Ätherschicht wird im Scheidetrichter abgetrennt, die wäßrige Phase noch zweimal mit Äther extrahiert und die vereinigten Extrakte mit gesättigter $NaHSO_3$-Lösung, $NaHCO_3$-Lösung und wenig H_2O gewaschen. Dann wird das Rohprodukt vom Lösungsmittel befreit und unter Wasserstrahlvakuum destilliert.

Ausbeute: 85% d. Th.
Kp_{15} 107 °C
n_D^{20} 1,5257
Unfallschutz: Schutzbrille, keine offene Flamme, Abzug.

4.2.12. Darstellung von Adipinsäurediäthylester (Veresterung)

Ansatz: I 0,500 mol Adipinsäure
         II 1,750 mol Äthylalkohol
         III 0,051 mol konz. H_2SO_4
         IV   150 ml Benzol

Durchführung:
I, II, III und IV werden in einem 500-ml-Dreihalskolben unter Rühren zum Rückfluß erhitzt, wobei das Reaktionswasser ausgekreist wird (Apparatur siehe 4.3. Abb. 5). Nach dem Abkühlen wird das Reaktionsprodukt mit Wasser, 10%iger Na-bicarbonat-Lösung und nochmals mit Wasser geschüttelt. Die Benzolphase wird bei Normaldruck durch Destillation von Benzol befreit, der verbleibende Kolbeninhalt wird anschließend unter Wasserstrahlvakuum destilliert.
Ausbeute: 90% d. Th.
Kp_{20} 138 °C
Unfallschutz: Schutzbrille.

4.2.13. Darstellung von Malonsäure (alkalische Verseifung)

Ansatz: I   0,50 mol Malonsäurediäthylester
         II 1,75 mol Ätzkali
         III 125 ml   Wasser
         IV 250 ml   Alkohol

Durchführung:
   In einem 500-ml-Rundkolben mit Rückflußkühler werden I, II, III und
IV 4 Std. unter Rückfluß erhitzt. Dann dampft man unter schwachem
Vakuum die Hauptmenge des Alkohols ab. Der Rückstand (Kaliumsalz)
wird in der gerade ausreichenden Menge Wasser gelöst, und unter guter
Eiskühlung tropft man konz. HCl bis pH 1 zu. Dann äthert man 5mal
aus, wäscht die vereinigten Ätherextrakte mit wenig gesättigter Kochsalz-
lösung, trocknet mit Magnesiumsulfat, dampft den Äther ab und kristal-
lisiert um.
Ausbeute: 75% d. Th.
Fp. 135−136 °C

4.2.14. Darstellung von Zimtsäure (KNOEVENAGEL-Kondensation)

Ansatz: I   0,60 mol Malonsäure
         II   90 ml trockenes Pyridin
         III 0,50 mol Benzaldehyd
         IV 0,05 mol Piperidin

Durchführung:
   In einem 500-ml-Rundkolben löst man I in II und fügt nach Abklingen
der schwach exothermen Reaktion III und IV zu. Dann wird unter Rückfluß bis zum Aufhören der Kohlendioxidentwicklung auf dem Wasserbad
erwärmt. Nach dem Abkühlen gießt man das Reaktionsgemisch auf Eis/
konz. HCl, um das Pyridin und Piperidin herauszuwaschen. Zur Vervollständigung der Kristallisation kühlt man im Eisbad, saugt ab, wäscht mit
Wasser nach und kristallisiert um.
Ausbeute: 85% d. Th.
Fp. 136 °C (aus Wasser/Alkohol 3:1)
Unfallschutz: *Pyridin ist giftig. Abzug!*

4.2.15. Darstellung von 1-Brombutan (Veresterung mit einer anorg. Säure)

Ansatz: I   0,5 mol Butanol-(1)
         II 0,25 mol konz. H_2SO_4
         III 0,75 mol HBr 48%ig

Durchführung:

I wird unter Kühlung mit II, dann mit III versetzt und das Gemisch 6 Std. unter Rückfluß gekocht. Dann destilliert man mit Wasserdampf und trennt das 1-Brombutan im Scheidetrichter ab.

Das Rohprodukt wird zweimal mit $^1/_5$ seines Volumens kalter konz. H_2SO_4 im Scheidetrichter vorsichtig geschüttelt (Gefahr der Emulsionsbildung), um den als Nebenprodukt entstandenen Äther herauszulösen. Man wäscht das rohe Bromid mit Wasser, entsäuert mit 10%iger $NaHCO_3$-Lösung, wäscht nochmals mit H_2O, trocknet über $CaCl_2$ und destilliert über eine 20-cm-Vigreuxkolonne.

Ausbeute: 80% d. Th.

Kp 100°C

4.3. Apparaturen

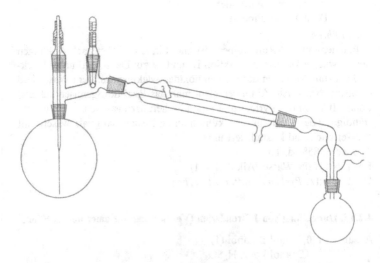

Abb. 2. Destillation

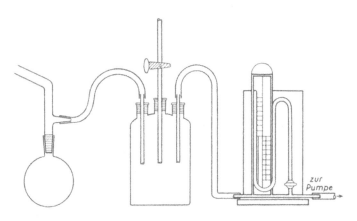

Abb. 3. Vakuumanschluß zur Destillation

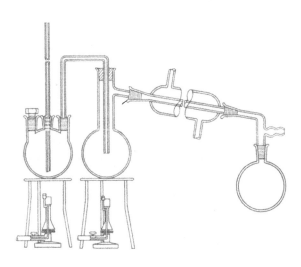

Abb. 4. Wasserdampfdestillation, vereinfachte Form ohne Reitmayr-Aufsatz

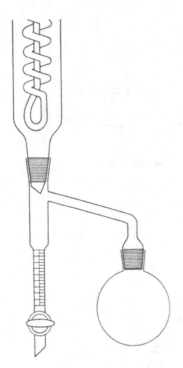

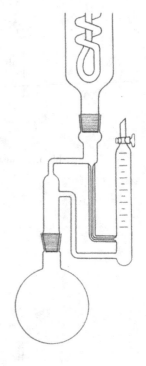

Abb. 5.   Abb. 6.
Wasserauskreiser Typ C_6H_6/H_2O Wasserauskreiser Typ $CHCl_3/H_2O$

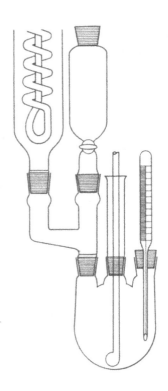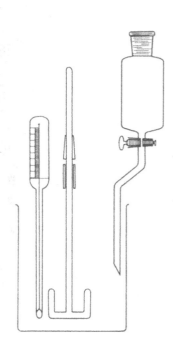

Abb. 7.
Geschlossene Rührapparatur

Abb. 8.
Offenes Rührwerk

Abb. 9.
Apparatur zur Extraktion nach Soxhlet

5. Physikalisch-chemisches Praktikum

5.1. Mechanik

5.1.1. Dichtebestimmungen

5.1.1.1. Dichtebestimmung einer Flüssigkeit mit dem Pyknometer

Folgende Wägungen sind durchzuführen:

Masse des leeren Pyknometers $= C$
Masse des wassergefüllten Pyknometers $= B$
Masse des mit der Untersuchungsflüssigkeit gefüllten Pyknometers $= A$

Die Temperatur, bei der die Messungen durchzuführen sind, ist 20 °C.

$$\varrho_{H_2O, 20°} = 0{,}99823 \text{ g/ml}$$

Leiten Sie eine Formel ab, mit der Sie die Dichte der Probe aus den obigen Meßwerten errechnen können.

5.1.1.2. Dichtebestimmung eines Feststoffes mit dem Pyknometer

Folgende Wägungen sind erforderlich:

Masse des leeren Pyknometers $= A$
Masse des wassergefüllten Pyknometers $= B$
Masse des leeren Pyknometers + feste Substanz $= C$
Masse des mit Wasser und dem Feststoff gefüllten Pyknometers $= D$

Leiten Sie eine Formel ab, mit der Sie die Dichte der Festsubstanz aus den obigen Meßwerten errechnen können.

5.1.1.3. Bestimmung der Dichte einer Flüssigkeit mit der MOHR-WESTPHAL-schen Waage

Aufbau der Waage:

Am Waagebalken wird rechts ein Gehängehaken und der Senkkörper und links ein Gehängehaken und ein Gegengewicht eingehängt. Die Zunge muß bei freihängendem Senkkörper auf die Nullmarke der Skala einspielen. Falls notwendig, wird mittels der Tariermuttern am Waagebalken eintariert. Der Meßzylinder wird bei eintauchendem Senkkörper bis zum oberen Rand mit Untersuchungslösung gefüllt. Durch die verdrängte Flüssigkeit erfährt der Senkkörper einen Auftrieb, der der Wichte direkt proportional ist. Dem Auftrieb wird durch Aufsetzen von Reitern in den entsprechenden Kerben des Balkens in der Reihenfolge I – IV so entgegengewirkt, daß der Zeiger wieder auf der Nullmarke der Skala einspielt.

Beispiel I

Aceton   Reiter   I sitzt in Kerbe 7
                                                        II sitzt in Kerbe 9
                                                        III sitzt in Kerbe 2
                                                        IV sitzt in Kerbe 5

Die Wichte (spez. Gewicht) der Flüssigkeit beträgt bei der am Thermometer des Senkkörpers angezeigten Temperatur 0,7925 p/cm³.

Beispiel II

Trichloräthylen   Reiter   I sitzt in Kerbe 1
                                                        I sitzt in Kerbe 4
                                                        II sitzt in Kerbe 6
                                                        III sitzt in Kerbe 1
                                                        IV sitzt in Kerbe 4

Reiter: I, I, II, III, IV
Spez. Gew.: 1 4 6 1   4 = 1,4614 p/cm³.

5.2. Kalorik

5.2.1. Bestimmung des Wasserwertes eines Kalorimeters

Unter dem Wasserwert versteht man das Produkt aus der Masse und der spezifischen Wärme des Kalorimeters.

Durchführung:

Das Kalorimeter wird mit dem Deckel tariert. Dann werden ca. 100 ml Wasser eingemessen und ausgewogen. Das Kalorimeter wird verschlossen und die Temperatur wird gemessen. Zum Sieden erhitztes Wasser (Temperatur messen) wird rasch zugegeben (ca. 100 ml), das Kalorimeter wird sofort wieder verschlossen und die Mischungstemperatur ermittelt. Durch Wägen wird die zugesetzte Menge heißen Wassers bestimmt.

m_1 = eingewogene Wassermenge (kalt)
m_2 = eingewogene Wassermenge (heiß)
c = spez. Wärme von Wasser = 1 cal/g grd
ϑ_1 = Anfangstemperatur
ϑ_2 = Siedetemperatur
ϑ_m = Mischungstemperatur
W_w = Wasserwert

Leiten Sie eine Formel zur Berechnung des Wasserwertes ab!

5.2.2. Bestimmung der spezifischen Wärme eines Metalls

Das Kalorimeter wird mit soviel Wasser gefüllt, daß die Metallstücke gerade bedeckt sind. Vorher wird mit der so ermittelten Wassermenge der Wasserwert des Kalorimeters bestimmt. Das durch ein siedendes Wasserbad auf 100 °C erhitzte Metall wird zugegeben und die Mischungstemperatur festgestellt. Durch Auswägen wird die genaue Metallmasse ermittelt.

W_w = Wasserwert des Kalorimeters
m_1 = Masse des Wassers
c_1 = spez. Wärme des Wassers
ϑ_1 = Wassertemperatur
m_2 = Masse des Metalls
c_2 = spez. Wärme des Metalls
ϑ_2 = Metalltemperatur
ϑ_m = Mischungstemperatur

Leiten Sie aus der Richmannschen Mischungsgleichung eine Gleichung zur Berechnung der spezifischen Wärme des Metalls ab!

5.2.3. Berechnung der Atommasse von Metallen nach DULONG-PETIT

DULONG und PETIT fanden, daß das Produkt der Atommasse eines metallischen Elements mit seiner spez. Wärme im Durchschnitt 6,4 beträgt. Sie nannten diesen Wert, der allerdings gewissen Schwankungen unterworfen ist, Atomwärmegrad.

Berechnen Sie die Atommassen der Metalle, von denen Sie die spez. Wärme bestimmt haben.

Berechnen Sie den absoluten, relativen und prozentualen Fehler der Bestimmung.

5.2.4. Bestimmung der spezifischen Schmelzwärme von Eis

In das Kalorimeter werden ca. 300 g Wasser mit der Temperatur ϑ_1 gebracht.

Der Wasserwert des Kalorimeters muß mit der verwendeten Menge Wasser bestimmt werden (siehe Versuch 5.2.1.).

Die Masse des Wassers wird durch Differenzwägung bestimmt. Die Temperatur des Wassers darf erst gemessen werden, wenn sich die Temperaturen des Kalorimeters und des Wassers angeglichen haben.

Anschließend werden ca. 30 g Eis aus einem Wasserbad in das Kalorimeter gebracht. Nach dem Schmelzen des Eises wird wiederum die Temperatur gemessen.

Aus den Meßwerten:

m_1 = Masse des Wassers
m_2 = Masse des Eises
ϑ_1 = Temperatur des Wassers
ϑ_m = Temperatur der Mischung
W_w = Wasserwert des Kalorimeters
c_1 = spezifische Wärme des Wassers

ist die spezifische Schmelzwärme des Eises zu berechnen.

Die spezifische Schmelzwärme des Eises beträgt $q = 80$ cal g^{-1}. Berechnen Sie den prozentualen Fehler.

5.3. Elektrizitätslehre

5.3.1. Bestimmung des Wirkungsgrades einer elektrischen Heizplatte

In ein 2-l-Becherglas werden 1000 ml Wasser eingefüllt. Das Becherglas
wird auf die Heizplatte gestellt. Ein Stockthermometer wird mit Klammer
und Muffe an einem Stativ befestigt. Die Quecksilberkugel des Thermo-
meters soll sich möglichst im Zentrum der Flüssigkeit befinden.

Nun wird die Anfangstemperatur abgelesen und notiert. Im Augenblick
des Stromeinschaltens wird auch die Stoppuhr in Betrieb genommen.

Hat das Wasser eine Temperatur von etwa 92 °C erreicht, wird der Strom
ausgeschaltet, die Stoppuhr arretiert und das Nachsteigen des Queck-
silberfadens beobachtet.

Die höchste erreichte Temperatur gilt als Endtemperatur.

5.3.2. Widerstandsmessung mit der Wheatstoneschen Brückenschaltung

Mit Hilfe der Wheatstoneschen Brückenschaltung wird untersucht, in
welchem Zusammenhang die Widerstände R und R_x und die auf der Meß-
brücke abgegriffenen Längen l_1 und l_2 stehen.

Außerdem werden die Widerstände von drei Konstantandrähten glei-
cher Länge und verschiedenen Querschnitts ermittelt.

Es verhalten sich die Längen wie die entsprechenden Widerstände

$$\frac{l_1}{l_2} = \frac{R_x}{R}$$

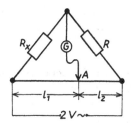

Abb. 10. Schaltskizze der Wheatstoneschen Brückenschaltung

Mittels des Gleitkontaktes wird der Punkt *A* gefunden, bei dem das Instrument keinen Ausschlag zeigt.

Geräte:

1 Experimentiertrafo

1 Universalmeßgerät

Meßwiderstände, Konstantandrähte ⌀ 0,35 mm, ⌀ 0,50 mm, ⌀ 0,75 mm, jeweils 50 cm lang

Experimentierschnüre

Chrom-Nickel-Draht ⌀ 0,05 mm, 1 m lang (als Meßdraht)

5.4. Bestimmungen der Molekularmasse

5.4.1. Bestimmung der Molekularmasse nach RAST

Ca. 20 mg genau eingewogene Untersuchungssubstanz werden mit der zehnfachen, genau gewogenen Menge Campher in einem Glasröhrchen gemischt. Dieses wird oberhalb der Substanzen zugeschmolzen und in einem Ölbad auf ca. 190 − 200 °C erwärmt, wobei die beiden Stoffe schmelzen und sich innig vermischen. Während des Abkühlens wird der Schmelzpunkt des reinen Camphers ermittelt.

Die erstarrte, gemischte Substanz gibt man nun in einen Mörser, verreibt sie, füllt etwas davon in ein Schmelzpunktröhrchen und schmilzt dieses oben zu (warum?). Nun ermittelt man 2 Mischschmelzpunkte und nimmt den Mittelwert als Berechnungsgrundlage.

5.4.2. Molekularmassebestimmung nach VICTOR MEYER

5.4.2.1. Ableitung der Gleichung

$$M = \frac{m \cdot R \cdot T}{p \cdot V}$$

Das allgemeine Gasgesetz lautet:

$$\frac{V_0 \cdot p_0}{T_0} = \frac{V \cdot p}{T}$$

Bezieht man dieses Gesetz auf 1 mol eines Gases unter Normalbedingungen (0 °C, 760 Torr), so erhält man:

$$\frac{V_M \cdot p_0}{T_0} = \frac{V' \cdot p}{T} \qquad V' = \text{Molvolumen unter den}$$
$$\text{Bedingungen } p \text{ und } T$$

$$\frac{22,4 \, l \cdot 1 \, atm}{mol \; 273 \, K} = \frac{V'p}{T}$$

$$\frac{0,082 \, l \, atm}{mol \; K} = \frac{V'p}{T}$$

Die linke Seite der Gleichung stellt den Ausdruck für die universelle Gaskonstante R dar:

$R = \dfrac{V'p}{T}$, multipliziert mit der Anzahl Mole n folgt: $n \cdot R = \dfrac{V \cdot p}{T}$.

Dabei gilt $V = V' \cdot n$. Setzt man $n = \dfrac{m}{M}$ und stellt nach M um, folgt:

$$M = \frac{m \cdot R \cdot T}{p \cdot V}.$$

5.4.2.2. Versuchsdurchführung

Auf der Analysenwaage wird die zu untersuchende Substanz genau in ein Wägegläschen eingewogen (200–400 mg). Das Gläschen wird lose mit Glaswolle verschlossen und auf die Auslösevorrichtung gebracht. Nun wird die ganze Apparatur luftdicht verschlossen und das Bad auf 230 °C erhitzt. Nach dem Entweichen der Luft wird das teilweise mit Wasser gefüllte Eudiometer über das offene Ende des Ansatzrohres gebracht. Dann läßt man das Probegläschen in den Verdampfer fallen. Da die durch das entstehende Gasvolumen verdrängte Luftmenge sich beim Eintritt in das Eudiometer auf Raumtemperatur abkühlt, braucht die Verdampfungstemperatur nicht bestimmt zu werden.

Zu berücksichtigende Faktoren:

V = Gasvolumen im Eudiometer
h = Höhe der Wassersäule im Eudiometer
p = Barometerstand bei Raumtemperatur
p_{H_2O} = Dampfdruck des Wassers im Eudiometer
m = Einwaage

Durchzuführende Aufgaben:
1. Doppelbestimmung
2. Berechnung der Molmasse
3. Berechnung des absoluten und des prozentualen Fehlers

5.4.3. Volumetrische Molmassenbestimmung von CO_2

Ein Luftballon und ein Stück Schnur werden austariert. In den Luftballon füllt man 1 Stück Trockeneis (ca. 1 g), bindet ihn fest zu und wägt ihn aus.

Der mit Trockeneis gefüllte Ballon wird in einen mit Wasser gefüllten 1-l-Meßzylinder gedrückt.

Der Meßzylinder wird mit einem Uhrglas verschlossen und umgekehrt in einen Topf, welcher teilweise mit Wasser gefüllt ist, gehängt.

Nach vollständiger Sublimation des Trockeneises (ca. 15 min) wird der Luftballon mit einem ausgezogenen Glasstab durchstoßen. Nach erfolgtem Ausgleich der Wasserhöhen werden die folgenden Meßwerte notiert.

Volumen des $CO_2 = V$, Höhe der Wassersäule im Meßzylinder $= h$, Temperatur des Wassers $= \vartheta$, Luftdruck $= p$. Aus diesen Werten und der Einwaage läßt sich die Molmasse des CO_2 berechnen.

5.5. Bestimmung der Loschmidtschen Zahl

5.5.1. Versuchsdurchführung

Eine Petrischale ($\varnothing = 15$ cm) wird zur Hälfte mit Wasser gefüllt und mit Lykopodium bestäubt, bis die gesamte Wasseroberfläche mit einer gleichmäßigen Lykopodiumschicht bedeckt ist.

Anschließend wird mittels einer Pipette *ein* Tropfen der Rizinusöl- oder Olivenöllösung auf das Lykopodium gebracht.

Der sich ausbreitende Tropfen bildet nach dem Verdunsten des Leichtbenzins einen Ölfleck, dessen Durchmesser ($= d$) mit Hilfe eines Zirkels möglichst genau bestimmt wird.

Ferner ist bei der verwendeten Pipette die Tropfenzahl pro ml zu bestimmen ($= x$).

Es sollen mindestens fünf Versuche durchgeführt werden. Der Mittelwert wird zur Berechnung herangezogen.

5.5.2. Ableitung der Gleichung $N_L = f(d, x)$

Fläche ($= A$) des Ölflecks:

$$A = \frac{d^2 \cdot \pi}{4} \qquad [1]$$

Das Öl breitet sich in einer monomolekularen Schicht aus. Die Moleküle sollen würfelförmig angenommen werden.

Volumen ($= V'$) eines Moleküls:　　　　　　$V' = a^3$ 　　　[2]
a = Kantenlänge des Würfels

Das Volumen der aufgetragenen Ölmenge: V

$$V = A \cdot a$$

$$\frac{V}{A} = a$$

$$\left(\frac{V}{A}\right)^3 = a^3 = V'$$

Das Volumen eines Moleküls:

$$V' = \left(\frac{V}{A}\right)^3 \qquad [3]$$

Ermittlung des aufgegebenen Ölvolumens V:

$$\varrho = \frac{m}{V} \qquad V = \frac{m}{\varrho}$$

m = Masse Öl pro ml Lösung

$$V = \frac{m}{x \cdot \varrho} \qquad [4]$$

Aus [3] und [4] folgt:

$$V' = \frac{m^3}{x^3 \cdot \varrho^3 \cdot A^3} \qquad [5]$$

$$N_L = \frac{\text{Volumen eines Mols} (= \text{Volumen von } N_L \text{ Molekülen})}{\text{Volumen eines Moleküls}}$$

$$N_L = \frac{V_M}{V'} \qquad [6]$$

Ferner ist

$$V_M = \frac{M}{\varrho}$$ [7]

Aus [5] und [7] in [6] eingesetzt folgt:

$$N_L = \frac{M \cdot x^3 \cdot \varrho^3 \cdot A^3}{\varrho \cdot m^3}$$ [8]

Aus [1] in [8] eingesetzt folgt:

$$N_L = \frac{M \cdot d^6 \cdot x^3 \cdot \varrho^2 \cdot \pi^3}{m^3 \cdot 64}$$

Einheitengleichung:

$$N_L = \left[\frac{g \cdot cm^6 \cdot g^2}{mol \cdot g^3 \cdot cm^6} \right]$$

$$N_L = [mol^{-1}]$$

Die Ausrechnung ist logarithmisch vorzunehmen.
Das Ergebnis ist bis auf eine Stelle hinter dem Komma anzugeben.

6. Arbeitshilfen

6.1. Ausrüstung der Arbeitsplätze

6.1.1. Qualitative Analyse

6.1.1.1. Geräte

1 Spritzflasche 500 ml
1 Reagenzglasgestell
30 Reagenzgläser
3 Reagenzglastrichter
2 Trichter $\emptyset$ 5,5 cm
1 Trichter $\emptyset$ 7 cm
1 Päckchen Rundfilter $\emptyset$ 9 cm
1 Päckchen Faltenfilter $\emptyset$ 7 cm
1 Päckchen Faltenfilter $\emptyset$ 12,5 cm
1 Mörser mit Pistill, klein
2 Bechergläser 100 ml
2 Bechergläser 50 ml
1 Erlenmeyer 200 ml
2 Erlenmeyer Weithals 100 ml
1 Erlenmeyer Enghals 100 ml
1 Erlenmeyer Weithals 50 ml
2 Erlenmeyer Enghals 50 ml
1 Dreifuß mit Asbestnetz
1 Brenner
1 Päckchen Magnesiarinnen
1 Kobaltglas
2 kleine Kasserollen
5 Uhrgläser
1 Meßzylinder 25 ml
1 Petrischale $\emptyset$ 5 cm
5 Objektträger
1 Reagenzglasklammer
1 Rolle Indikatorpapier
Siedesteine
Glasrohre zum Fertigen von
  Einleitungsrohren

6.1.1.2. Chemikalien

Festsubstanzen in 250-g-Pulver-
  flaschen

4-Aminobenzolsulfosäure
  (Sulfanilsäure), kann im organ.-
  präp. Prakt. hergestellt werden.
Ammoniumacetat
Ammoniumcarbaminat
Ammoniumchlorid
Ammoniumthiocyanat
Blei-IV-oxid
Eisen-II-sulfat
Kaliumhydroxid
Kaliumhydrogensulfat
Kaliumnitrat
Kaliumthiocyanat
2-Naphthol
Natriumacetat
Natriumammoniumhydrogen
  phosphat
Natriumcarbonat
Natriumfluorid
di-Natriumhydrogenphosphat
Natriumperoxid
Zink, gekörnt
Zinn-II-chlorid

Flüssigkeiten in 250-ml-Enghals-
  flaschen:

konz. Salzsäure
5 N Salzsäure
1 N Salzsäure
Salpetersäure 65%
5 N Salpetersäure
Schwefelsäure 98%
5 N Schwefelsäure
Essigsäure 96%
Essigsäure 30%
Perchlorsäure ca. 30%
Natronlauge 10%
2 N Kalilauge

Ammoniak 25%
5 N Ammoniak
Wasserstoffperoxid 30%
Chloramin T-Lösung
Silbernitratlsg. 10%
methanolische
  Dimethylglyoximlsg. 1%
Kaliumchromatlsg. 10%
Bariumhydroxidlsg. 10%
0,5 N Bariumchloridlsg.
Kobaltnitratlsg. 1%
Magnesiumuranylacetatlsg.
  10 g $UO_2(CH_3COO)_2$ $2H_2O$
  werden in 6 g Eisessig und
  100 ml Wasser gelöst: Lsg. A.
  33 g $Mg(CH_3COO)_2 \cdot 4H_2O$
  werden in 10 g Eisessig und
  100 ml Wasser gelöst: Lsg. B.
  Lsg. A und B werden vereinigt
  und nach 24 Std. von einer auf-
  tretenden Trübung abfiltriert.
Äther
Chloroform

6.1.2. Quantitative Analyse

6.1.2.1. Geräte

2 Standflaschen 1000 ml, weiß
1 Standflasche   1000 ml, braun
1 Meßkolben 1000 ml
2 Meßkolben   100 ml
1 Exsikkator
1 Erlenmeyerkolben 1000 ml
3 Erlenmeyerkolben   300 ml
2 Bechergläser, 400 ml, breite
  Form mit Ausguß
1 Meßzylinder 50 ml
1 Trichter $\varnothing$ 10 cm
2 Analysenschnellauftrichter
  $\varnothing$ 10 cm

1 Peleusball
2 Tondreiecke
1 Tiegelzange
1 Wägegläschen
2 Porzellantiegel zum Veraschen
2 Glasfiltertiegel G 3
2 Glasfiltertiegel G 4
1 Filtriergestell
1 Thermometer
1 Glasstab
1 Gummiwischer
1 Vollpipette 20 ml
2 Uhrgläser $\varnothing$ ca. 12 cm
1 Spritzflasche 500 ml
Blau-, Weiß- und Schwarzband-
  filter $\varnothing$ 12,5 cm
2 Dreifüße mit Asbestnetz
2 Brenner

6.1.2.2. Chemikalien

Flaschengröße 500 ml bzw. 500 g
Ammoniumchlorid
Ammoniumchromatlösung 10%
Äthylalkohol vergällt
Ammoniumrhodanidlösung 5%
Bariumchloridlösung 10%
Ammoniak ca. 1 N
Silbernitratlösung 2%
Schwefelsäure 10%, 20% und 50%
Diammoniumhydrogenphosphat-
  lösung 10%
Quecksilber-II-chlorid-Lösung
  5%
methanolische
  Dimethylglyoxilmlösung 1%
Ammonacetatlösung 15%
Ammoniumdihydrogenphosphat-
  lösung 1%
alkoholische
  8-Hydroxychinolinlösung 5%

Salzsäure konz. und 10%
Kaliumjodidlösung 10%
Zinn-II-chlorid-Lösung 10%
   (salzsauer)
Ammoniumoxalatlösung 2%
Magnesia-Mixtur (5% $MgCl_2$ +
   10% NH_4Cl in H_2O)
Reinhardt-Zimmermann-Lösung
   (1000 ml 6 M H_3PO_4, 600 ml
   Wasser und 400 ml 18 M H_2SO_4
   werden mit einer Lösung von
   200 g $MnSO_4 \cdot H_2O$ in 1000 ml
   Wasser vereinigt)
Ammoniak 25%
Phosphorsäure 25%
Salpetersäure 65%
Stärkelösung
Siedesteine
OsO_4-Lösung: 0,25 g OsO_4 in
   100 ml 0,1 N H_2SO_4, giftig,
   leicht flüchtig
Natriumphosphatlösung 10%

6.1.3. Präparative Praktika

6.1.3.1. Geräte

1 500-ml-Dreihalskolben
1 KPG-Rührhülse
1 KPG-Rührer
1 Anschütz-Thiele-Aufsatz
1 Thermometer mit Schliff
   passend für Rührapparatur
1 Thermometer mit Schliff
   passend zum Claisen-Aufsatz
1 Stockthermometer
1 Dimroth-Kühler
1 Chlorcalciumrohr
1 Tropftrichter 250 ml
4 Schliffstopfen, verschiedene
   Größen

1 Einhalskolben 500 ml
2 Einhalskolben 250 ml
3 Einhalskolben 100 ml
1 Claisen-Aufsatz
1 Liebig-Kühler
1 Destillationsvorstoß
2 Kapillaren mit Schliff
3 Erlenmeyer-Kolben 300 ml
1 Becherglas 1000 ml
1 Becherglas 400 ml
1 Trichter ∅ 17 cm
1 Trichter ∅ 10 cm
1 Scheidetrichter 1000 ml
1 Saugflasche 1000 ml
1 Absaugring
1 Porzellannutsche ∅ ca. 13 cm
1 Meßzylinder 100 ml
verschiedene Filter
1 Spritzflasche 500 ml
2 Petrischalen ∅ ca. 10 cm
1 Metallspatel
2 Gasbrenner
1 elektrisches Wasserbad
1 Exsikkator
1 Rührmotor
Indikationspapier
Glasrohre und -stäbe

6.1.3.2. Chemikalien

in 1000-ml- bzw. -g-Flaschen

Natriumhydrogencarbonat
Natriumsulfat, wasserfrei
Kaliumhydroxid in Plätzchen
Natriumhydroxid in Plätzchen
Kaliumcarbonat
Salpetersäure 65%
Schwefelsäure 98%
Ammoniak 25%
Salzsäure 5 N
Natronlauge 40%

Natriumhydrogencarbonatlösung
  10%
Eisessig
Essigester
Äthylalkohol
Methylenchlorid
Chloroform

Benzol
Methylalkohol
Aktivkohle
Schliffett
Siliconöl
Siedesteine

6.2. Chemikaliensammlung

6.2.1. Anorganische Chemikalien

Aluminium
-chlorid krist.
-chlorid wasserfrei
-hydroxyacetat
-nitrat

Ammoniak 25%

Ammonium
-acetat
-carbonat
-chlorid
-eisen-(III)-sulfat
-hydrogencarbonat
-di-()-hydrogenphosphat
-nitrat
-oxalat
-rhodanid

-sulfat

Antimon
- elementar
-oxid
-trichlorid

Arsen
-trichlorid
-trioxid

Barium
-acetat
-bromid

-chlorid
-hydroxid
-nitrat

Blei
-(II)-acetat
-(IV)-acetat
-carbonat
-hydroxyacetat
-(II)-oxid
-(IV)-oxid

Brom
- elementar techn.
-wasserstoffsäure 48%ig

Calcium
-bromid
-chlorid
-hydroxid
-sulfat

Cadmium
-acetat
-bromid
-chlorid
-sulfat

Cer-(IV)-sulfat

Chrom
-(III)-chlorid
-nitrat
-(III)-oxid
-(III)-sulfat

Eisen
-Pulver
-(III)-acetat
-(III)-chlorid
-(III)-nitrat
-(II)-sulfat
-(III)-sulfat

Kalium
-acetat
-aluminiumsulfat-12-hydrat
-antimontartrat
-bromat
-bromid
-carbonat
-chlorid
-chromsulfat-12-hydrat
-cyanid
-dichromat
-hexacyanoferrat-(II) und (III)
-hydrogensulfat
-hydroxid
-jodid
-natriumtartrat
-permanganat
-rhodanid

Kobalt
-(II)-chlorid-6-hydrat
-(II)-nitrat
-(II)-sulfat-7-hydrat

Kupfer
-Pulver
-acetat
-(I)-chlorid
-(II)-chlorid
-hydroxycarbonat
-(II)-nitrat
-sulfat

Magnesium
-Späne nach Grignard
-carbonat

-chlorid
-sulfat

Mangan
-acetat
-carbonat
-chlorid
-sulfat

Natrium
-metall
-acetat
-bromid
-carbonat
-chlorid
-fluorid
-hydroxid
-dihydrogenphosphat
-di-()-hydrogenphosphat
-jodid
-nitrat
-nitrit
-peroxid
-phosphat
-sulfat
-sulfid
-sulfit

Nickel
-acetat
-chlorid
-nitrat
-sulfat

Osmiumtetroxid

Salzsäure ca. 36,5%

Salpetersäure ca. 65%

Schwefelsäure ca. 98%

Silber
-carbonat
-nitrat
-oxid
-sulfat

Strontium
-bromid
-chlorid
-nitrat
Quecksilber
-acetat
-(II)-bromid
-(II)-chlorid
-hydrogensulfat
-jodid
Wismut
-carbonat
-chlorid
-nitrat
Zink
- Pulver u. Körner
-acetat
-bromid
-carbonat
-chlorid
Zinn
-(II)-chlorid

6.2.2. Organische Chemikalien

Acetylchlorid
Adipinsäure
Anilin
Äthylbromid
Benzaldehyd
Benzolsulfochlorid
Butanol-(1)
p-N.N-Dimethylamino-
   benzaldehyd
Dichloräthan-1,2
Malonsäure
Malonsäurediäthylester
2-Naphthol
Nitrobenzol
Piperidin
Pyridin
Semicarbazid
Sulfanilsäure
p-Toluidin

6.2.3. Analysenlösungen für die quantitative Analyse

Die Analysensubstanzen werden im quantitativen Praktikum vorteilhafterweise in gelöster Form in 100-ml-Meßkolben ausgegeben.

Von Säuren oder Basen stellt man Normallösungen her und gibt diese verschieden verdünnt aus:

1 ml N $H_2SO_4 \triangleq 48,031$ mg SO_4^{2-} (3.2.1.13. Sulfat, gravimetr.)

1 ml N $H_2SO_4 \triangleq 49,039$ mg H_2SO_4 (3.1.2.2., titrimetr.)

Wird ein Salz bestimmt (3.1.3.2. Kaliumdichromat), so entspricht die Einwaage g/l selbstverständlich dem Gehalt mg/ml.

Sollen einzelne Ionen aus Salzen bestimmt werden, bereitet man sich zu diesem Zweck die entsprechenden Lösungen durch genaues Einwiegen der Substanz in einen 1000-ml-Meßkolben und Auffüllen mit Wasser und eventuellem Zusatz einer Säure um eine stattfindende Hydrolyse zu ver-

Verbindung	M	lg_M	ges. Ion	Atommasse	$lg_{Atommasse}$	Salz g/l	Faktor	lg_{Faktor}	Bemerkungen
Calciumcarbonat $CaCO_3$	100,09	00039	Ca^{2+}	40,08	60293	50	0,4004	60249	L. HCl, HNO_3
Mangansulfat $MnSO_4 \cdot 4H_2O$	223,06	34842	Mn^{2+}	54,938	73987	82	0,2463	39146	L. 25°: 65,2
Bariumnitrat $Ba(NO_3)_2$	261,35	41722	Ba^{2+}	137,34	13780	38	0,5255	72058	L. 20°: 9,03
Chrom-(III)-sulfat $Cr_2(SO_4)_3 \cdot 18H_2O$	716,51	85523	Cr^{3+}	51,996	71598	276	0,0726	86075	L. 20°: 122
Kobaltnitrat $Co(NO_3)_2 \cdot 6H_2O$	291,05	46397	Co^{2+}	58,933	77036	100	0,2025	30639	L. 20°: 100
Aluminiumnitrat $Al(NO_3)_3 \cdot 9H_2O$	375,15	57421	Al^{3+}	26,982	43107	280	0,0719	85686	L. 20°: 73
Antimon-(III)-chlorid $SbCl_3$	228,11	35814	Sb^{3+}	121,75	08547	37	0,5337	72730	L. 20°: 931,5, HCl zugeben (Hydrolyse)
Wismut-(III)-chlorid $BiCl_3$	315,37	49882	Bi^{3+}	208,98	32011	30	0,6781	83129	L. HCl

Verbindung	M	lg_M	ges. Ion	Atom-masse	$lg_{Atom-masse}$	Salz g/l	Faktor	lg_{Faktor}	Bemerkungen
Kupfersulfat $CuSO_4 \cdot 5 H_2O$	249,68	39738	Cu^{2+}	63,54	80305	80	0,2545	40569	L. 20°: 20,9
Eisen-(II)-ammonium-sulfat $(NH_4)_2Fe(SO_4)_2 \cdot 6 H_2O$ (Mohrsches S.)	392,14	59344	Fe^{2+}	55,847	74700	140	0,1424	15351	L. 20°: 26,9
Eisen-(II)-sulfat $FeSO_4 \cdot 7 H_2O$	278,016	44407	Fe^{2+}	55,847	74700	100	0,2009	30298	L. 20°: 26,6
Eisen-(III)-chlorid $FeCl_3 \cdot 6 H_2O$	270,298	43184	Fe^{3+}	55,847	74700	100	0,2071	31618	L. 20°: 91,9 HCl zugeben (Hydrolyse)
Magnesiumoxid MgO	40,311	60543	Mg^{2+}	24,312	38582	32	0,6031	78039	L. in Säuren
Nickelsulfat, wasserfrei $NiSO_4$	154,77	18969	Ni^{2+}	58,71	76871	53	0,3793	57898	L. 20°: 37,8
Natriumchlorid $NaCl$	58,443	76673	Cl^-	35,453	54965	33	0,6066	78290	L. 20°: 35,85
Zink-(II)-bromid $ZnBr_2$	225,21	35259	Zn^{2+}	65,37	81538	70	0,2903	46285	L. 0°: 388

hindern. Nun läßt sich der genaue Gehalt mg Ion/ml folgendermaßen ermitteln:

$$\text{Einwaage} \left[\frac{g}{l}\right] \cdot \text{Faktor} = \text{gesuchtes Ion} \left[\frac{g}{l}\right] = \left[\frac{mg}{ml}\right]$$

Die Zahlen in der Rubrik „Salz g/l" geben die ungefähre Einwaage für
ca. 20 mg Ion/ml an.

Zum Beispiel:

$$CuSO_4 \cdot 5\,H_2O \quad ca.\ 80\ g \quad genau: 79,7593\ g/l$$

$$79,7593\ g/l \cdot 0,2545 = 20,297\ mg\ Cu^{2+}/ml$$

Es empfiehlt sich, alle Berechnungen logarithmisch durchzuführen. Die
Faktoren wurden logarithmisch berechnet, die erhaltenen Numeri auf
4 Stellen gerundet.

Die Löslichkeiten in der Tabelle geben [g] wasserfreie Substanz in 100 g
Lösungsmittel an.

6.3. Reaktionsgleichungen und Aufgabenlösungen

3.1.2.2. $H_2SO_4 \quad + NaOH \longrightarrow NaHSO_4 + H_2O$
                $NaHSO_4 + NaOH \longrightarrow Na_2SO_4 \quad + H_2O$

Berechnung:

$$1\ \text{Val NaOH neutralisiert 1 Val} = \frac{98,078}{2}\ g\ H_2SO_4$$

$$1\ ml\ 0,1\ N\ NaOH \triangleq 4,9039\ mg\ H_2SO_4$$

3.1.2.3.   1. Stufe: $H_3PO_4 \quad + NaOH \longrightarrow NaH_2PO_4 + H_2O$
                2. Stufe: $NaH_2PO_4 + NaOH \longrightarrow Na_2HPO_4 + H_2O$
                3. Stufe: $Na_2HPO_4 + NaOH \longrightarrow Na_3PO_4 + H_2O$
                        in wäßriger Lösung nicht durchführbar

Berechnung:
1. Stufe: 1 ml 0,1 N NaOH $\triangleq$ 9,7995 mg H_3PO_4
2. Stufe: 1 ml 0,1 N NaOH $\triangleq$ 4,8998 mg H_3PO_4

3.1.3.1. KJO_3 wird in schwach saurer Lösung durch KJ im Über-
                schuß zu Jod reduziert. Dieses ausgeschiedene Jod kann mit
                $Na_2S_2O_3$ titriert werden:

$$JO_3^- + 5J^- + 6H^+ \longrightarrow 3J_2 + 3H_2O$$

$$3J_2 + 6S_2O_3^{2-} \longrightarrow 3S_4O_6^{2-} + 6J^-$$

daraus folgt, daß $J \hateq Na_2S_2O_3$. Für JO_3^- werden $6\,S_2O_3^{2-}$ benötigt, also

$$\frac{KJO_3}{6} \hateq Na_2S_2O_3$$

1 ml 0,1 N $Na_2S_2O_3 \hateq \dfrac{21,400}{6}$ mg = 3,567 mg KJO_3

3.1.3.2. $Cr_2O_7^{2-} + 6\,Cl^- + 14\,H^+ \longrightarrow 2\,Cr^{3+} + 7\,H_2O + 3\,Cl_2$
$3\,Cl_2 + 6\,J^- \longrightarrow 3\,J_2 + 6\,Cl^-$
$J \hateq Na_2S_2O_3$
$K_2Cr_2O_7 \hateq 6\,J \hateq 6\,Na_2S_2O_3$
$Na_2S_2O_3 \hateq \dfrac{K_2Cr_2O_7}{6}$
1 ml 0,1 N $Na_2S_2O_3 \hateq 4,903$ mg $K_2Cr_2O_7$

3.1.3.3. $2\,Cu^{2+} + 2\,J^- \longrightarrow 2\,Cu^+ + J_2$
$J_2 + 2\,S_2O_3^{2-} \longrightarrow S_4O_6^{2-} + 2\,J^-$
$J \hateq Na_2S_2O_3 \hateq Cu$
1 ml 0,1 N $Na_2S_2O_3 \hateq 6,354$ mg Cu

3.1.4.1. In saurer Lösung: $MnO_4^- + 8\,H^+ + 5\,e^- \longrightarrow Mn^2 + 4\,H_2O$
einfacher $Mn^{+7} + 5\,e^- \longrightarrow Mn^{2+}$
Daraus folgt, daß eine 1 N $KMnO_4$-Lösung $\dfrac{158,038}{5} =$ 31,608 g $KMnO_4$ pro Liter enthält.
Faktorbestimmung mit Natriumoxalat:
$2\,MnO_4^- + 5\,C_2O_4^{2-} + 16\,H^+ \rightarrow 2\,Mn^{2+} + 10\,CO_2 + 8\,H_2O$
1 ml 0,1 N $KMnO_4 \hateq 6,7$ mg Natriumoxalat

3.1.4.2. $2\,MnO_4^- + 5\,H_2O_2 + 6\,H^+ \longrightarrow 2\,Mn^{2+} + 5\,O_2 + 8\,H_2O$
1 ml 0,1 N $KMnO_4 \hateq 1,701$ mg H_2O_2

3.1.4.3. $MnO_4^- + 5\,Fe^{2+} + 8\,H^+ \longrightarrow Mn^{2+} + 5\,Fe^{3+} + 4\,H_2O$
Phosphorsäure wird zugesetzt, um die entstehenden Fe-(III)-Salze in farblose Komplexverbindungen zu überführen, so daß nach beendeter Titration die reine Rosafärbung der Permanganat-Ionen erhalten bleibt.
1 ml 0,1 N $KMnO_4 \hateq 5,585$ mg Fe

3.1.4.4. $2\,MnO_4^- + 5\,C_2O_4^{2-} + 16\,H^+ \rightarrow 2\,Mn^{2+} + 10\,CO_2 + 8\,H_2O$
1 ml 0,1 N $KMnO_4 \hateq 6,3033$ mg $C_2H_2O_4 \cdot 2\,H_2O$
1 ml 0,1 N $KMnO_4 \hateq 4,5018$ mg $C_2H_2O_4$

3.1.4.5.   Reduktion: $2Fe^{3+} + Sn^{2+} \longrightarrow 2Fe^{2+} + Sn^{4+}$

Sn^{2+}-Überschuß wird durch Zugabe von wenig $HgCl_2$-Lösung beseitigt.

$$Sn^{2+} + 2Hg^{2+} \longrightarrow Sn^{4+} + Hg_2^{2+}$$

Titration mit $KMnO_4$:

$$MnO_4^- + 5Fe^{2+} + 8H^+ \longrightarrow Mn^{2+} + 5Fe^{3+} + 4H_2O$$

1 ml 0,1 N $KMnO_4 \triangleq 5{,}585$ mg Fe

3.1.5.1.   In saurer Lösung: $BrO_3^- + 6H^+ + 6e^- \longrightarrow Br^- + 3H_2O$

Äquivalenzpunkterkennung:

$$BrO_3^- + 5Br^- + 6H^+ \longrightarrow 3H_2O + 3Br_2$$

$$1 \text{ Val } KBrO_3 = \frac{KBrO_3}{6} = \frac{167{,}01 \text{ g}}{6} = 27{,}835 \text{ g}$$

3.1.5.2. $BrO_3^- + 3Sb^{3+} + 6H^+ \longrightarrow Br^- + 3Sb^{5+} + 3H_2O$

1 ml 0,1 N $KBrO_3 \triangleq \frac{3}{60}$ Millimol Sb $\equiv 6{,}088$ mg

3.1.7.1.   Titriplex-III ist das Di-Natriumsalz-di-hydrat der Äthylendiamintetraessigsäure (AeDTE)

$$\left[\begin{array}{c} {}^-OOCCH_2 \\ {}^-OOCCH_2 \end{array} \!\!\!\! HN^+ - CH_2 - CH_2 - {}^+NH \!\!\!\! \begin{array}{c} CH_2COO^- \\ CH_2COO^- \end{array} \right]^{2-} 2\,Na^+$$

Es dissoziiert in wäßriger Lösung nach:

$$Na_2H_2Y \longrightarrow 2Na^+ + H_2Y^{2-}$$

Die Titration verläuft nach dem Schema:

$$H_2Y^{2-} + Mg^{2+} \longrightarrow MgY^{2-} + 2H^+$$

1 ml 0,1 N Titriplex-III $\triangleq 2{,}4312$ mg Mg

3.2.1.1.

Nickeldiacetyldioxim

3.2.1.2.

3.2.1.3. $Zn^{2+} + (NH_4)_2HPO_4 + OH^- \longrightarrow ZnNH_4PO_4 + NH_4^+$
$$+ H_2O$$

$$2\,ZnNH_4PO_4 \longrightarrow Zn_2P_2O_7 + NH_3 + H_2O$$

3.2.1.4. $Fe^{3+} + 3OH^- \longrightarrow Fe(OH)_3$ bzw. $FeO(OH)$

                 $2Fe(OH)_3 \longrightarrow Fe_2O_3 + 3H_2O$

3.2.1.5.   analog 3.2.1.3.

3.2.1.6. $2Cu^{2+} + HSO_3^- + H_2O \longrightarrow 2Cu^+ + HSO_4^- + 2H^+$

                 $Cu^+ + SCN^- \longrightarrow CuSCN$

3.2.1.7.   analog 3.2.1.4.

3.2.1.8.   analog 3.2.1.3.

3.2.1.9. $Ba^{2+} + CrO_4^{2-} \longrightarrow BaCrO_4$

3.2.1.10.   analog 3.2.1.2.

3.2.1.11.   analog 3.2.1.3.

3.2.1.12. $Cl^- + Ag^+ \longrightarrow AgCl$

                 $35{,}453$ g $Cl^- \, \hat{=} \, 143{,}323$ g $AgCl$

                 $f = 0{,}2474$

                 $AgCl \cdot f = Cl^-$

3.2.1.13. $Ba^{2+} + SO_4^{2-} \longrightarrow BaSO_4$

3.2.1.14. $PO_4^{3-} + NH_4^+ + Mg^{2+} \longrightarrow MgNH_4PO_4$

                 $2MgNH_4PO_4 \longrightarrow Mg_2P_2O_7 + 2NH_3 + H_2O$

4.1.2. $CaCO_3 + 2HCl \longrightarrow CaCl_2 + H_2O + CO_2$

          $\underline{MgCO_3 + 2HCl \longrightarrow MgCl_2 + H_2O + CO_2}$

          $CaCO_3 + MgCO_3 + 4HCl \longrightarrow CaCl_2 + MgCl_2 + 2H_2O$

                                           $+ 2CO_2$

          $CaCl_2 + MgCl_2 + H_2SO_4 \longrightarrow CaSO_4\downarrow + MgCl_2 + H_2O$

                                  weiß

          $MgCl_2 + (NH_4)_2HPO_4 + NH_4OH \longrightarrow MgNH_4PO_4\downarrow$

                                        weiß

                                        $+ 2NH_4Cl + H_2O$

4.2.1.

$H_3C-\langle\rangle-NH_2 + CH_3COOH \longrightarrow H_3C-\langle\rangle-NHCOCH_3 + H_2O$

p-Toluidin   Eisessig   Acet-p-toluidid

                                     (N-acetyl-p-toluidin)

4.2.2.

Anilin   Benzolsulfochlorid   Benzolsulfanilid

4.2.3.

4.2.4.

4.2.5.

4.2.6.

4.2.8.

$$\left[HO_3S - \bigcirc - \overset{+}{N} \equiv N \right] Cl^- + NaCl + 2 H_2O$$

$$\left[\cdot HO_3S - \bigcirc - \overset{+}{N} \equiv N \right] Cl^- + \overset{OH}{\bigcirc\bigcirc} + NaOH \longrightarrow$$

$$HO_3S - \bigcirc - N = N - \overset{OH}{\bigcirc\bigcirc} + NaCl + H_2O$$

Orange II

4.2.9.

$$CH_3 - \bigcirc - \overset{+}{N} \equiv N + Cu^+ \longrightarrow CH_3 - \bigcirc \bullet + N \equiv N + Cu^{2+}$$

$$CH_3 - \bigcirc \bullet + Cl^- \longrightarrow CH_3 - \bigcirc - Cl + e^-$$

$$e^- + Cu^{2+} \longrightarrow Cu^+$$

4.2.10.

$$\bigcirc + Cl - \overset{O}{\underset{\|}{C}} - CH_3 \xrightarrow{AlCl_3} \bigcirc - \overset{O}{\underset{\|}{C}} - CH_3 + HCl$$

Acetylchlorid   Acetophenon

4.2.11.

$$C_2H_5Br + Mg \longrightarrow C_2H_5MgBr$$

$$C_2H_5MgBr + H - \overset{O}{\underset{\|}{C}} - \bigcirc + H_2O \longrightarrow C_2H_5 - \underset{OH}{\overset{}{C}H} - \bigcirc + Mg(OH)Br$$

4.2.12.

$$(CH_2)_4 \underset{COOH}{\overset{COOH}{\diagdown}} + 2\,C_2H_5OH \xrightarrow{H_2SO_4} (CH_2)_4 \underset{COOC_2H_5}{\overset{COOC_2H_5}{\diagdown}} + 2\,H_2O$$

4.2.13.

$$\begin{array}{c} COOC_2H_5 \\ | \\ CH_2 \\ | \\ COOC_2H_5 \end{array} + 2\,KOH \longrightarrow \begin{array}{c} COOK \\ | \\ CH_2 \\ | \\ COOK \end{array} + 2\,C_2H_5OH$$

$$\begin{array}{c} COOK \\ | \\ CH_2 \\ | \\ COOK \end{array} + 2\,HCl \longrightarrow \begin{array}{c} COOH \\ | \\ CH_2 \\ | \\ COOH \end{array} + 2\,KCl$$

4.2.14.

$$\underset{COOH}{\overset{COOH}{\underset{|}{CH_2}}} + \underset{\diagdown O}{\overset{H}{C_6H_5{-}C}} \xrightarrow{Piperidin} C_6H_5{-}CH{=}CH{-}COOH + CO_2 + H_2O$$

4.2.15. $CH_3-CH_2-CH_2-CH_2OH + HBr$
$$\xrightarrow{H_2SO_4} CH_3-CH_2-CH_2-CH_2Br + H_2O$$

5.1.1.1. $$\varrho_p = \frac{A - C}{B - C} \cdot \varrho_{H_2O}$$

5.1.1.2. $$\varrho_p = \frac{C - A}{B + C - A - D} \cdot \varrho_{H_2O}$$

5.2.1. $$m_2\,c(\vartheta_2 - \vartheta_m) = m_1\,c(\vartheta_m - \vartheta_1) + W_w(\vartheta_m - \vartheta_1)$$
$$W_w = \frac{m_2\,c(\vartheta_2 - \vartheta_m)}{(\vartheta_m - \vartheta_1)} - m_1\,c$$

5.2.2. $$m_2\,c_2(\vartheta_2 - \vartheta_m) = (m_1\,c_1 + W_w)(\vartheta_m - \vartheta_1)$$
Auflösen nach c_2

5.4.1.
$$M = \frac{a \cdot E \cdot 1000}{(Fp_c - Fp_p)\,b}$$

M = Molekularmasse [g mol^{-1}]

a = Einwaage Probe [g]

E = Kryoskopische Konst. Campher = 40 g · grd · mol^{-1}

b = Einwaage Campher [g]

Fp_c = Fp. Campher [grd]

Fp_p = Fp. Probe [grd]

6.4. Anleitung zum Aufstellen von Redoxgleichungen

Erfahrungsgemäß ist das Finden der Koeffizienten in einer Reduktions-Oxydations-Gleichung mit Schwierigkeiten behaftet.

In dem folgenden Beispiel sollen alle Schritte, die zum Aufstellen einer Redoxgleichung führen, erläutert werden.

1. Aufschreiben der Gleichung ohne Koeffizienten.

$$KMnO_4 + H_2C_2O_4 + H_2SO_4 \longrightarrow K_2SO_4 + MnSO_4 + H_2O + CO_2$$

2. Finden der Oxydationszahlen, die bei der Reaktion verändert werden. Elemente haben die Oxydationszahl 0

Wasserstoff in Verbindungen hat immer die Oxydationszahl $+1$,

Sauerstoff -2 (Ausnahmen: Hydride, hier hat H -1; bei Peroxiden ist die Oxydationszahl von Sauerstoff -1)

$$\overset{+7}{K}MnO_4 + \overset{+3}{H_2C_2}O_4 + H_2SO_4 \longrightarrow K_2SO_4 + \overset{+2}{Mn}SO_4 + H_2O + \overset{+4}{C}O_2$$

3. Aufstellen der Reduktions- und Oxydationsteilgleichungen.

Reduktion: $\overset{+7}{Mn} + 5e^- \longrightarrow \overset{+2}{Mn}$

Oxydation: $2\overset{+3}{C} - 2e^- \longrightarrow 2\overset{+4}{C}$

4. Ausgleichen der beiden Teilgleichungen und Addition der beiden Gleichungen

$$\text{Reduktion:} \overset{+7}{Mn} + 5e^- \longrightarrow \overset{+2}{Mn} \quad \cdot 2$$

$$\text{Oxydation:} 2\overset{+3}{C} - 2e^- \longrightarrow 2\overset{+4}{C} \quad \cdot 5$$

$$\overset{+7}{2Mn} + 10\overset{+3}{C} \longrightarrow 2\overset{+2}{Mn} + 10\overset{+4}{C}$$

5. Ausgleichen der Wasserstoff- und Sauerstoffatome. Hierbei berücksichtigt man *nicht* die Sauerstoffatome in der H_2SO_4.

$$2MnO_4^- + 5H_2C_2O_4 \longrightarrow 2Mn^{2+} + 10CO_2 \quad \cdot$$

Links: 28 O-Atome   Rechts: 20 O-Atome

Folglich entstehen noch 8 Moleküle H_2O.

$$2MnO_4^- + 5H_2C_2O_4 \longrightarrow 2Mn^{2+} + 10CO_2 + 8H_2O$$

Links: 10 H-Atome   Rechts: 16 H-Atome

Es müssen also noch auf der linken Seite 6 Wasserstoffionen zugefügt werden.

$$2MnO_4^- + 5H_2C_2O_4 + 6H^+ \longrightarrow 2Mn^{2+} + 10CO_2 + 8H_2O$$

Kontrolle der Ladungen: rechts und links $4+$

6. Stöchiometrische Endgleichung

$$2KMnO_4 + 5H_2C_2O_4 + 3H_2SO_4 \longrightarrow 2MnSO_4 + K_2SO_4 + 10CO_2 \\ + 8H_2O$$

6.5. Literaturverzeichnis

Zur Bearbeitung der einzelnen Abschnitte dieses Grundpraktikums wurden folgende Bücher herangezogen:

Qualitative Analyse
JANDER-BLASIUS, Lehrb. d. analyt. u. präp. anorg. Chemie, 9. Auflage (Stuttgart 1970).
JANDER-BLASIUS, Einführung in d. anorg.-chem. Praktikum, 9. Auflage (Stuttgart 1971).
Organikum, 9. Auflage (Berlin 1970).

Quantitative Analyse
LUX, Praktikum d. quant.-anorg. Analyse, 6. Auflage (1970).
RÖDICKER, Analyt. Chem., Bd. II, 2. Auflage (Leipzig 1962).

JANDER-JAHR-KNOLL, Maßanalyse, 12. Auflage, Sammlung Göschen, Bd. 221/ 221a (Berlin 1969).
KÜSTER-THIEL-FISCHBECK, Logarithmische Rechentafeln, 100. Auflage (Berlin 1969).

Anorganisch-präp. Praktikum
JANDER-BLASIUS, Einführung in das anorg.-chem. Praktikum, 9. Auflage (Stuttgart 1971).

Organisch-präp. Praktikum
BEILSTEIN, Handbuch der organischen Chemie. 4. Auflage, Haupt- und Ergänzungswerk (Berlin seit 1918).
Organikum, 9. Auflage (Berlin 1970).

Physikal.-chem. Bestimmungen
KÜSTER-THIEL-FISCHBECK, Logarithmische Rechentafeln, 100. Auflage (Berlin 1969).

6.6. Sachverzeichnis

UTB
Uni-Taschenbücher

In Vorbereitung befindliche naturwissenschaftliche Bände
aus dem Steinkopff Verlag Darmstadt:

W. Jost
Globale Umweltprobleme
Etwa VIII, 160 Seiten, einige Abb. und Tab. Ca. DM 12,80

K. Lang
Wasser, Mineralstoffe, Spurenelemente
Etwa VIII, 120 Seiten, einige Abb. und Tab. Ca. DM 12,80

H. G. Maier
Lebensmittelanalytik
Band 1: Optische Methoden, 2. Auflage
　　　　Etwa VIII, 78 Seiten, 28 Abb., 1 Tab. Ca. DM 9,80
Band 2: Chromatographische Methoden
　　　　Etwa VIII, 80 Seiten, einige Abb. u. Tab. Ca. DM 10,80
Bände 3 und 4 in Vorbereitung.

W. L. H. Moll
Taschenbuch für Umweltschutz
Band 1: Chemische und technologische Informationen
　　　　Etwa VIII, 236 S., einige Abb. und Tab. Ca. DM 18,80
Band 2: Biologische und ökologische Informationen — in Vorb.

A. Schneider und J. Kutscher
Kurspraktikum der allgemeinen und anorganischen Chemie
Etwa VIII, 160 Seiten, einige Abb. und Tab. Ca. DM 16,80

H. Teichmann (Herausgeber)
Angewandte Elektronik
in vier Teilbänden zu je etwa 160 Seiten, zahlr. Abb. und Tab.
Je ca. DM 16,80
Band 1: Elektronische Leitung, Elektronenoptik
Band 2: Elektronische Bauelemente und Geräte
Band 3: Schwingungselektronik, Hochfrequenztechnik
Band 4: Vierpoltheorie, Informationselektronik

UTB Uni-Taschenbücher GmbH · Stuttgart